# 简化设计丛书

# 建设场地简化分析

## 原第2版

[美] 哈里·S.帕克  约翰·W.麦圭尔  詹姆斯·安布罗斯  编著

陈国兴  王艳霞  译

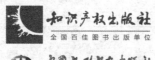

知识产权出版社
全国百佳图书出版单位

中国水利水电出版社
www.waterpub.com.cn

**内容提要**

本书主要介绍了建设场地设计和场地规划方面的相关知识，目的是促进具有测量学知识的工程技术人员，能够处理他们所遇到的此类问题。

本书内容包括：场地平面图的做法、当角度为非直角时建筑物和场地的尺寸测量、测量仪器的操作和场地测量及平面图绘制、不规则图形的面积计算、公路和建筑圆弧曲线的测量和定线、梯度问题中等高线的分析和变换、具有不平整地表的挖方体积的计算、由等高线计算挖方和填方的体积、公路、便道、运动场的最大和最小坡度、排水管道尺寸计算、建筑物和道路放线、选择建设场地应考虑的问题、场地平面图的校核；等等。

本书可供建筑师、建造师、结构工程师、规划师、景观设计师参考。

**责任编辑：张　冰　曹永翔**

**图书在版编目（CIP）数据**

建筑场地简化分析：第 2 版/（美）帕克（Parker，H. S.），
（美）麦圭尔（MacGuire，J. W.），（美）安布罗斯
（Ambrose，J.）编著；陈国兴，王艳霞译. —北京：
知识产权出版社：中国水利水电出版社，2014.1
（简化设计丛书）
书名原文：Simplified the Engineering
ISBN 978-7-5130-1435-9

Ⅰ. ①建… Ⅱ. ①帕…②麦…③安…④陈…⑤王…
Ⅲ. ①建筑工程—场地—设计 Ⅳ. ①TU201

中国版本图书馆 CIP 数据核字（2012）第 177760 号

简化设计丛书

**建设场地简化分析　原第 2 版**

[美] 哈里·S. 帕克　　约翰·W. 麦圭尔　　詹姆斯·安布罗斯　编著

陈国兴　王艳霞　译

| | |
|---|---|
| 出版发行：知识产权出版社　中国水利水电出版社 | |
| 社　　址：北京市海淀区马甸南村 1 号 | 邮　编：100088 |
| 网　　址：http://www.ipph.cn | 邮　箱：bjb@cnipr.com |
| 发行电话：010-82000860 转 8101/8102 | 传　真：010-82005070/82000893 |
| 责编电话：010-82000860 转 8024 | 责编邮箱：zhangbing@cnipr.com |
| 印　　刷：北京中献拓方科技发展有限公司 | 经　销：新华书店及相关销售网点 |
| 开　　本：787mm×1092mm　1/16 | 印　张：11 |
| 版　　次：2008 年 7 月第 1 版 | 印　次：2014 年 1 月第 2 次印刷 |
| 字　　数：261 千字 | 定　价：28.00 元 |

京权图字：01-2003-4614
ISBN 978-7-5130-1435-9

## 帕克/安布罗斯 简化设计丛书
## 翻 译 委 员 会

**主任委员**

孙伟民　教授，一级注册结构师，南京工业大学副校长、
建筑设计研究院总工

**委　　员**

刘伟庆　教授，博士，博导，南京工业大学副校长

陈国兴　教授，博士，博导，南京工业大学
土木工程学院院长

李鸿晶　教授，博士，南京工业大学土木工程
学院副院长

董　军　教授，博士，南京工业大学新型钢结构
研究所所长（常务）

# 原第2版

# 前　言

帕克和麦圭尔（MacGuire）所著的《建设场地简化分析》于 1954 年出版发行。本次改编和修订保留了第 1 版中已被证明对介绍建设场地有关基本知识有参考价值的内容，并在此基础上增添了一些新的内容。本书的主要特点在于其内容的连贯性，以及它对仅有少许数学知识和工程经验的读者的简单易用性。

如同原作者在第 1 版前言中所言，本版力求保留第 1 版的基本特征。除了现已废弃不用的对数部分（这部分内容已被计算机或简单的便携式计算器所代替），第 1 版中的大部分内容都被保留了下来。

第 1 版中的一些内容已经过时。现在的测量工作大部分由仪器和软件来完成，这些仪器比本书初版时（大约 40 年前）更为先进。近年，测量工作几乎都是由注册的专业土地测量人员来做的，他们使用最先进的仪器和软件。测量工作本身并没有多少改变，但其工作过程已经发生了根本的变化。

然而，本书没有打算成为培训专业测量人员的全面的参考书。因此，才有了本书的第一个单词——Simplified（简化），本次修订的根本目的是对这一领域很少有经验的人介绍建设场地最基本的问题。为了这一目的，本次修订最简单、最基本的任务是让读者理解所考虑的是什么和所讨论的工作为什么重要，这比如何通过最先进的手段来实现这项工作更重要。

尽管专业的测量工作现在都是由更为精密的仪器所完成的，但简单的水准仪和经纬仪仍然被用来做那些基本的工作，所以，这些仪器仍然存在，仍然被购买，对一些测量工作者也相对地易于学习和使用。因此，本版所引用的例子仍保留了对这些仪器的一些简单介绍，一旦掌握了它，使用更为现代化的仪器只是一个时间的问题。

对于那些打算成为专业测量人员的人来说，本书只是一个简单的入门介绍，但本书的目的是为建筑师、土木工程师、景观设计师和施工人员作一些简要的介绍，在这些人的职业生涯中没人想做更多的测量工作。实际上，本书原来的书名为《建筑师和施工人员建设场地简化分析》。这是帕克教授所著的系列丛书的第 7 卷，前 6 卷是有关结构方面的（并非有意使读者从事结构工程的职业生涯）。

本次修订也增加了一些新的内容，如在场地开发方面补充了更多的有关景观开发和建筑施工的内容。本次修订的目的之一是使本书成为与场地设计相关的三卷丛书中的一册，其他两册为《建筑基础简化设计》和《场地简化设计》。

本系列书都是从不同的角度来处理与建设场地开发有关的设计问题。由于这一主题覆盖了许多方面，各本书之间都有一些重复的内容，这也是专业书籍的一个通病。建筑师、土木工程师、结构工程师、规划师、景观设计师的工作通常也有交叉的地方。尽管本书对丛书所涉及的领域都有所介绍，但每本书的主要内容是不同的。本书是为土木工程师和土地测量人员编写的。建筑基础这本书的对象是建筑师、结构工程师和岩土工程师。场地设计这本书的对象是规划师、景观设计师和建筑师。

必须承认已故的帕克教授和麦圭尔教授在第 1 版中精心细致的工作，其大部分内容在本次修订中原封不动地保留了下来。同时，我对约翰·威利出版公司（John Wiley & Sons）各位编辑和出版人员的支持及其敬业精神和出色的工作表示衷心的感谢。最后，感谢我的妻子佩吉（Peggy），是她帮助完成了本书的打字、校对以及其他的许多工作；感谢我的儿子在本书插图方面的帮助。

**詹姆斯·安布罗斯**
于加利福尼亚西湖山庄
1991 年 8 月

# 前　言

在一个建设项目建筑蓝图的准备过程中必须解决设计方面的一系列问题。这些问题大多数是程序式的常规问题，每一位建筑师都可以解决。然而，有些问题的解决需要对建设场地设计和场地规划方面有专门的知识。许多建筑设计事务所缺少对这一工作称职的人员。本书是为阐明和解决这类问题而编写的，使那些仅具有测量学知识的人能够处理他们所遇到的这类问题。

然而，本书并不是一本测量学书籍，也并不打算详细论述各种测量过程和计算方法，仅介绍一些使用测量仪器的简单方法，它们可以很容易地应用到实践中去。虽然大多数建筑师很少需要进行实际的测量工作，但他们需要有能力处理一些测量数据的结果。本书详细论述了解决这一问题的方法，并列举了大量的例子。本书也可以看作是对他们已经遗忘的知识的一种复习。

本书所包含的内容比较多，下面列举了书中所讨论、解释和解决的一些问题：

(1) 场地平面图的做法。

(2) 当角度为非直角时建筑物和场地的尺寸测量。

(3) 测量仪器的操作和场地测量及平面图绘制。

(4) 不规则图形的面积计算。

(5) 公路和建筑圆弧曲线的测量和定线。

(6) 竖曲线。

（7）梯度问题中等高线的分析和变换。

（8）具有不平整地表的挖方体积的计算。

（9）由等高线计算挖方和填方的体积。

（10）求积仪的使用。

（11）公路、便道、运动场的最大和最小坡度。

（12）排水管道尺寸计算。

（13）建筑物和道路放线。

（14）选择建设场地应考虑的问题。

（15）场地平面图的校核。

在处理数学问题时，只要愿意，可以使用日常所用的乘除法；但在平面和场地尺寸计算中使用对数，不仅精度高且节省时间。为使读者熟悉这一有用的工具，本书详细解释了对数的基本原理，并提供了一张五位对数表。本书还介绍了有关三角函数的知识及其在绘图中的应用。对理解本书中的计算，读者无需高等数学知识，算术和中学代数已足以。本书的另一个特点是任何与数字计算有关的问题都有详细的解释。

遵从"简化设计丛书"其他几本书的风格，本书通过实际问题的解答对一些方法进行了解释，也包括一些能被学生解决的问题。本书内容的表述及章节的安排使其适宜在课堂使用或自学。

感谢 Keuffel 和 Esser 公司允许使用其产品说明书中的插图（图 5.1、图 5.2 和图 11.5）。

作者清醒地意识到与建设场地开发有关的许多问题需要称职的工程师的帮助。然而，同样有许多问题或许很容易被建筑师或施工人员解决。本书就是为解决这些问题而出版的。

哈里·S. 帕克　约翰·W. 麦圭尔

于宾夕法尼亚州费城

1954 年 6 月

# 目　录

# 第 1 章

## 绪 论

## 1.1 场地开发

本书是为场地开发岩土工程勘察和设计而编写的，其主要研究对象是准备用于建筑施工的场地。除了那些已有建筑物的区域，一般情况下场地可能处于自然状态。然而，为了方便建筑物的使用者，通常要对场地进行开发。

场地的再开发一般分为两个阶段。首先，必须对现有场地状况做详细的勘察，并将勘察结果记录下来以备设计者和建设者使用。然后，提出对场地现有状况进行调整的方案。调整的目的是为了便于场地的使用。如果调整方案涉及以后的建筑施工，那么调整工作就类似于普通建筑规划的制定。

## 1.2 与场地开发有关的问题

在场地开发过程中，通常会涉及很多人员，包括土地的所有者或购买者、各类设计人员、建筑施工承包商以及当地相关政府部门和机构。

场地开发工作一般都要涉及许多设计师和咨询工作人员（见图 1.1）。在场地规划设计工作中，主要的设计人员之间的工作经常相互渗透，因此他们之间的分工界限并不是很清晰。对小型工程来讲，主要设计人员（通常是建筑师或土木工程师）可能做了所有

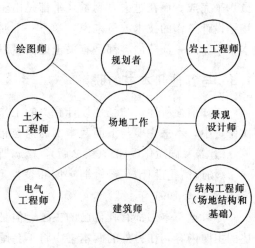

图 1.1 场地设计的可能参与人员

或几乎所有的工作。但是，对于大型项目来讲，由于其设计过程中会涉及许多不同专业的工作，因而在其设计过程中，需要大量的协调与管理工作。

## 1.3 场地设计工作的分类

与场地设计有关的工作主要包括以下几个方面。

**1. 测量与勘察**

测量与勘察包括对场地地表状况和场地特征的详细调查记录；对场地地质情况的勘察；以及对地震、地下水、边坡稳定等方面的调查研究。

**2. 场地工程**

场地工程一般包括场地地表等高线的绘制、场地排水设计、场地施工方案设计（人行道、挡墙等）、公用和服务设施的规划（污水管、雨水管和其他的地下设施）、连接周边现有街道、建筑物与土地的场地边缘的开发。

**3. 景观设计**

景观设计是场地使用和装饰中的一项工作，包括绿化和其他场地材料的使用。

**4. 基础设计**

基础设计是建筑物地下部分的设计及建筑物基础的设计。

**5. 场地施工方案的设计**

场地施工方案的设计主要包括场地开挖、临时支撑、降水以及其他与场地和地下结构施工有关的施工方案的规划设计。

## 1.4 本书的范围

本书所涉及的领域通常被认为是土木工程师的工作范畴，其基本内容如上节"场地工程"中所述。然而，本书的主题也是针对场地勘察工作而言的，了解这一点对于与场地相关的任何设计工作是非常重要的。

测量，无论是用于基本的场地勘察，还是建筑施工，现在通常由专业人员（土地测量员）来完成。而在过去，测量几乎都是由土木工程人员或承包公司完成的。然而，对从事场地设计工作的技术人员来说，学习一下测量方法和实际参与测量过程是非常有价值的。本书中相当一部分内容都是有关土地测量以及所测数据的各种应用。

## 1.5 与其他几本书的联系

正如前面所述，与场地设计有关的工作涉及许多方面、各种设计人员和承包商。在本次修订中，本书主要与下面两本书的内容相关，它们是：

《建筑基础简化设计》（第2版），詹姆斯·安布罗斯著，Wiley，New York，1998年。

《场地简化设计》，詹姆斯·安布罗斯和彼德·布兰多（Peter Brandow）著，Wiley，New York，1991年。

尽管这三本书都有其自己的主题，但是许多相关内容却是重叠的。在一本书中重点阐述的主题内容，在另外的两本书中将不会阐述得很深。因此，本书中偶尔会提到其他两本书，以避免对相关内容进行大量的阐述。

书中也引用了许多其他文献，这些引用文献的出处列在本书后面的参考文献中。

本书旨在介绍场地工程的一般工作，尽管它所覆盖的领域相当广泛，但其内容相对简单，都是一些基础性的知识。对于那些有兴趣从事土木工程或土地测量的人来说，本书是一本很好的入门教材。但是，本书更主要是针对那些有其他方面兴趣，但必须对场地工程有所了解的人而编写的。

为了使那些仅具有少量数学基础知识的读者有兴趣从事这项工作，本书介绍了一些有关几何和三角函数的基础知识，主要用来解释本书中的计算方法。阐述这些数学基础知识是为了帮助仅仅具有中学简单的代数和几何知识的读者，具有更多数学基础的读者可以把这一部分内容看作是对数学知识的复习，然后很快地跳到后面的章节中学习。

然而，本书作者强烈建议那些基本不具备数学基础知识的读者花些时间去学习本书前面几章的内容，这样他们就能非常熟练地使用本书的计算程序来解决以后工作中碰到的一些实际问题。这些数学知识都是循序渐进，并经过精心编排，内容相当简洁，它们仅仅是与本书中一些实际应用问题有关的数学知识。

## 1.6 计算精度

这里阐述的计算方法都是一些手算方法，而在专业设计公司中，这些工作通常是由计算机辅助完成的。本书并不打算成为工程师的培训手册，而是为所涉及的一些基本问题提供解决的途径。计算方法的捷径（计算机、查表等）越多，读者对计算过程的了解就越模糊。作为学习的内容，还是有必要要求采用手工计算的。本书中的所有实际问题都可以用各种具备简单三角函数和对数计算的便携式"科学"计算器来完成。

## 1.7 单位

本书中的长度、面积和体积的单位有英尺（ft）、英寸（in）和其他相关的单位，如码（yd）、英里（mile）、英亩（acre）。在专业设计工作中经常会遇到这些单位同公制单位（或称国际单位制，SI 制）之间的换算。从事场地工程工作的人员一定会遇到这些问题，所以应该熟悉他们之间的换算关系。

长度、面积和体积的表达有多种方法。在本书中，长度有两种表示方法，第一种用英尺及小数，例如，4 英尺半表示为 4.5ft。工程计算和大部分的工程制图会用到这种表示方法。

长度的第二种表示方法是英尺、英寸表示法：4 英尺半表示为 4ft 又 6in。更常见的是用"4′6″"缩写的方法表示，这种表示方法经常在建筑图和施工图中见到。关于这两种表示方法的转换见第 4.8 节。

本书中采用度、分制表示有关绘图中的角度。然而在计算时，通常要化为十进制小数体系，把不足一度的部分换算为小数部分，这样，一个 12 又 1/3 度的角就可以表达为 12.33°。老式测量仪器、地图、参考资料一般喜欢采用度、分、秒制，而现在的测量计算工作则采用十进小数制，这样在计算的过程中可以直接来处理数据。专业技术人员有必要熟悉这两种单位制，大多数情况下它们的换算过程是比较简单的。

**国际单位制**

在本次修订工作期间，美国的建筑业对于英制单位和国际单位公制的使用转换仍处于一种混乱状态。尽管向国际单位的转化是大势所趋，但在本书编写时，美国大多数施工资料和论文的提供者仍然不习惯于使用国际单位（旧体系现被称为美制单位，因为英国已不再使用它）。

对那些需要在两种单位间转换的读者来说，本书给出了三个表格。表1.1列出了美制单位中的标准计量单位及其在本书中的缩写和工程中的应用。以相同的格式，表1.2列出了相应的公制中的国际单位。两种体系间的转换系数见表1.3。

**表 1.1**                                     **计量单位：美制单位**

| 单 位 名 称 | 缩 写 | 用 法 |
|---|---|---|
| **长度** | | |
| 英尺 | ft | 大的长度单位，用于建筑图、梁跨度 |
| 英寸 | in | 小的长度单位，用于断面图 |
| **面积** | | |
| 平方英尺 | ft² | 大面积 |
| 平方英寸 | in² | 小面积，断面图中 |
| **体积** | | |
| 立方英尺 | ft³ | 大体积，材料特性描述 |
| 立方英寸 | in³ | 小体积 |
| **力** | | |
| 磅 | lb | 密度、重量、力、荷载 |
| 千磅 | kip, k | 1000 磅 |
| 磅每英尺 | lb/ft | 线荷载（梁上） |
| 千磅每英尺 | kip/ft | 线荷载（梁上） |
| 磅每平方英尺 | lb/ft², psf | 面荷载 |
| 千磅每平方英尺 | kip/ft², ksf | 面荷载 |
| 磅每立方英尺 | lb/ft³, pcf | 相对密度、重量 |
| **力矩** | | |
| 英尺磅 | ft · lb | 扭矩或弯矩 |
| 英寸磅 | in · lb | 扭矩或弯矩 |
| 千磅英尺 | kip · ft | 扭矩或弯矩 |
| 千磅英寸 | kip · in | 扭矩或弯矩 |
| **压力** | | |
| 磅每平方英尺 | lb/ft², psf | 土压力 |
| 磅每平方英寸 | lb/in², psi | 结构应力 |
| 千磅每平方英尺 | kip/ft², ksf | 土压力 |
| 千磅每平方英寸 | kip/in², ksf | 结构应力 |
| **温度** | | |
| 华氏度 | °F | 温度 |

**表 1.2**                                     **计量单位：公制单位**

| 单 位 名 称 | 缩 写 | 用 法 |
|---|---|---|
| **长度** | | |
| 米 | m | 大的长度单位，用于建筑图，梁跨度 |
| 毫米 | mm | 小的长度单位，用于断面图 |

续表

| 单 位 名 称 | 缩 写 | 用 法 |
|---|---|---|
| **面积** | | |
| 平方米 | m² | 大面积 |
| 平方毫米 | mm² | 小面积，断面图中 |
| **体积** | | |
| 立方米 | m³ | 大体积，材料特性描述 |
| 立方毫米 | mm³ | 小体积 |
| **质量** | | |
| 千克 | kg | 质量（同美制单位中的重量） |
| 千克每立方米 | kg/m³ | 密度 |
| **力（内力）** | | |
| 牛 | N | 力或荷载 |
| 千牛 | kN | 1000 牛 |
| **压力** | | |
| 帕 | Pa | 压力（1Pa＝1N/m²） |
| 千帕 | kPa | 1000 帕 |
| 兆帕 | MPa | 1000000 帕 |
| 吉帕 | GPa | 1000000000 帕 |
| **温度** | | |
| 摄氏度 | ℃ | 温度 |

**表 1.3** 单 位 换 算 系 数

| 由美制单位换算为公制单位所乘系数 | 美制单位 | 公制单位 | 由公制单位换算为美制单位所乘系数 |
|---|---|---|---|
| 25.4 | in | mm | 0.03937 |
| 0.3048 | ft | m | 3.281 |
| 645.2 | in² | mm² | $1.550\times10^{-3}$ |
| $16.39\times10^3$ | in³ | mm³ | $61.02\times10^{-6}$ |
| $416.2\times10^3$ | in⁴ | mm⁴ | $2.403\times10^{-6}$ |
| 0.9290 | ft² | m² | 10.76 |
| 0.2832 | ft³ | m³ | 35.31 |
| 0.4536 | lb（质量） | kg | 2.205 |
| 4.448 | lb（力） | N | 0.2248 |
| 4.448 | kip（力） | kN | 0.2248 |
| 1.356 | ft·lb（力矩） | N·m | 0.7376 |
| 1.356 | kip·ft（力矩） | kN·m | 0.7376 |
| 1.488 | lb/ft（质量） | kg/m | 0.6720 |
| 14.59 | lb/ft（荷载） | N/m | 0.06853 |
| 14.59 | kip/ft（荷载） | kN/m | 0.06853 |
| 6.895 | psi（压力） | kPa | 0.1450 |
| 6.895 | ksi（压力） | MPa | 0.1450 |
| 0.04788 | psf（荷载或压力） | kPa | 20.93 |
| 47.88 | ksf（荷载或压力） | kPa | 0.2093 |
| 16.02 | pef（密度） | kg/m³ | 0.06242 |
| 0.566×（℉－32） | ℉ | ℃ | (1.8×℃)＋32 |

## 1.8　符号

表 1.4 是常用的数学符号的缩写。

表 1.4　　　　　　　　　　　　　　常用的简写符号

| 符　　号 | 符号意义 | 符　　号 | 符号意义 |
|---|---|---|---|
| $>$ | 大　于 | $6'$ | 6ft |
| $<$ | 小　于 | $6''$ | 6in |
| $\leqslant$ | 小于等于 | $\Sigma$ | 求　　和 |
| $\geqslant$ | 大于等于 | $\Delta L$ | $L$ 的增量 |

## 1.9　术语符号

由于包括场地设计在内的各设计领域（建筑、土木工程、地质、基础工程）中使用的术语符号缺乏一致性，这就使得术语符号的使用变得比较混乱。本书中为了保证使用术语符号的一致性，均采用如下特定的术语符号，它们大多数与一般工程中的术语符号一致。

$a$——面积的增量（$ft^2$、$in^2$ 等）；

$A$——全面积（$ft^2$、$in^2$ 等）；

$D$——直径；

$e$——偏心率；

$f$——计算应力；

$F$——力，容许应力；

$h$——高度；

$H$——力的水平向分量；

$L$——长度；

$N$——数目；

$p$——压力；

$P$——集中荷载；

$R$——半径；

$t$——厚度；

$T$——温度；

$w$——宽度，重度；

$W$——总重力；

$\Delta$——增量；

$\theta$——角度；

$\Sigma$——和；

$\phi$——角。

# 第2章

## 场地工程中涉及的数学知识

本章介绍了场地工程中应用的一些基本数学知识。这并不是说通过本章的学习，就可以代替数学课，但是的确能为那些具有少量数学基础知识的读者提供帮助。本章内容包括几何和三角方面的一些基本知识。对那些数学基础比较好的读者来说，这些内容并非必须学习，但通过它可以温习以往学过的数学知识，也可以了解到本书中所涉及的数学知识。

## 2.1 三角图解法

与三角形有关的问题的解可以按一定的比例作出已知边和角，用作图的方法求得未知量。由作图法所得的结果，大多数情况下不够精确，但掌握这种方法是非常有用的。人们通常采用这种方法来检查发现计算过程中的错误。

## 2.2 直角三角形

图 2.1 ($a$) 是一个用传统的标注方法标注的直角三角形。三条边分别为 $a$、$b$、$c$（斜边）。直角为 $\angle C$，$\angle A$ 为 $c$、$b$ 边的夹角；$\angle B$ 为 $c$、$a$ 边的夹角。直角与其他各边、角间的关系构成了平面三角函数知识的基础。尽管三角函数的问题比较复杂，但是掌握了有关直角三角形的知识就可以使我们很容易地解决好测量工作中经常碰到的一些计算问题。

## 2.3 几何原理

在几何学的学习中，有两条非常重要的定理，对求解三角形的问题有很大的帮助。

（1）三角形内角之和等于 $180°$。在直角三角形中，一个角为 $90°$，因此，其余两锐角

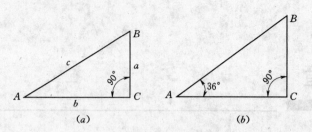

图 2.1 直角三角形示意图

之和为 90°。如果已知一个锐角，90°减去这个角便是第三个角的度数。例如，在图 2.1 (b) 的直角三角形中，$\angle C = 90°$，$\angle A = 36°$，为了求得角 $B$，我们从 90°中减去 36°，那么，$\angle B = 90° - 36° = 54°$，以及 $\angle A + \angle B + \angle C = 36° + 54° + 90° = 180°$。

（2）在任何直角三角形中，斜边的平方等于另外两条直角边的平方和。这就是著名的毕达哥拉斯 （Pythagorean） 定理。如图 2.1 (a) 所示，斜边为 $c$，其对角为直角，斜边总是最长的边。

在图 2.2 (a) 中，$c^2 = a^2 + b^2$。当两条边已知时，可用这一重要定理求解直角三角形的未知边。如图 2.2 (b) 中所示，斜边 $c$ 为 5in，$a$ 为 3in，求 $b$。根据上述定理：

$$c^2 = a^2 + b^2$$

即
$$5^2 = 3^2 + b^2$$

所以
$$b^2 = 25 - 9 = 16$$

故
$$b = \sqrt{16} = 4\text{in}$$

边长为 3、4、5 个单位长度的直角三角形有时被称为"神奇三角形"。不用任何测量仪器，建造师就可以根据这种比例关系 3∶4∶5，15∶20∶25 等用卷尺定出直角。

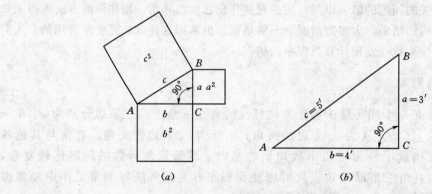

图 2.2 毕达哥拉斯定理的应用

**【例题 2.1】** 图 2.3 (a) 为一直角三角形，$a = 17.62\text{ft}$，$b = 23.21\text{ft}$，求斜边 $c$。

**解：**
$$c^2 = a^2 + b^2$$
$$c^2 = 23.21^2 + 17.62^2$$
$$c^2 = 538.7 + 310.5 = 849.2$$

$$c = \sqrt{849.2}$$
$$c = 29.14\text{ft}$$

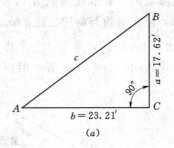 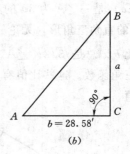

图 2.3 例题 1.1，毕达哥拉斯定理的应用

【**例题 2.2**】 图 2.3 (b) 为一直角三角形，$c = 51.70\text{ft}$，$b = 228.56\text{ft}$，求边 $a$。

解：
$$c^2 = a^2 + b^2$$
$$51.70^2 = a^2 + 28.58^2$$
$$a^2 = 51.70^2 - 28.58^2$$
$$a^2 = 2673 - 816.8 = 1856.2 \approx 1856$$
$$a = \sqrt{1856}$$
$$a = 43.08\text{ft}$$

验证以下直角三角形未知边的长度。

| 已 知 | 求 | 解 |
|---|---|---|
| $a = 21.36\text{ft}$，$b = 60.52\text{ft}$ | $c$ | $c = 64.18\text{ft}$ |
| $a = 41.23\text{ft}$，$b = 13.50\text{ft}$ | $c$ | $c = 43.38\text{ft}$ |
| $a = 76.10\text{ft}$，$c = 82.31\text{ft}$ | $b$ | $b = 31.37\text{ft}$ |
| $a = 8.36\text{ft}$，$c = 96.75\text{ft}$ | $b$ | $b = 96.39\text{ft}$ |
| $b = 26.28\text{ft}$，$c = 35.98\text{ft}$ | $a$ | $a = 24.58\text{ft}$ |
| $b = 5.23\text{ft}$，$c = 5.33\text{ft}$ | $a$ | $a = 1.03\text{ft}$ |

习题 2.3. A ～ 习题 2.3. F 下述直角三角形中，某些边长已知，求未知边长。

| 习 题 | 已 知 条 件 | 求 解 |
|---|---|---|
| 2.3. A | $a = 61.57\text{ft}$，$b = 32.78\text{ft}$ | $c$ |
| 2.3. B | $a = 4.50\text{ft}$，$b = 8.12\text{ft}$ | $c$ |
| 2.3. C | $a = 52.27\text{ft}$，$c = 63.08\text{ft}$ | $b$ |
| 2.3. D | $a = 14.06\text{ft}$，$c = 14.32\text{ft}$ | $b$ |
| 2.3. E | $b = 10.00\text{ft}$，$c = 14.14\text{ft}$ | $a$ |
| 2.3. F | $b = 59.23\text{ft}$，$c = 72.76\text{ft}$ | $a$ |

## 2.4 三角函数

图 2.4（a）是一 $\angle A$ 为 30°的直角三角形，边 $a$、$b$、$c$ 的长度分别为 1、$\sqrt{3}$、2。对任何 $\angle A$ 为 30°的直角三角形，无论三角形大还是小，$\angle A$ 对边与斜边之比 $a/c$ 总是 1/2；邻边与斜边之比 $b/c$ 总是 $\sqrt{3}/2$；$\angle A$ 对边与邻边之比 $a/b=1/\sqrt{3}$，等等。一个边与另一边的比称为角的三角函数。这些比值有其特定的名称，如 sin、cos、tan 等，但应注意他们只是简单的比值。

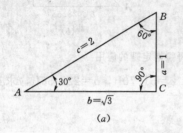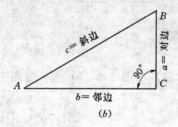

图 2.4 三角函数

在任何直角三角形中，有三条边和两个锐角。锐角是指介于 0°～90°之间的角。因此，有 6 个比值（函数），他们取决于角度的大小，而与三角形的大小无关 [见图 2.4（b）]，这些函数名称如下：

$$\angle A\ \text{的正弦}=\frac{\text{对边}}{\text{斜边}}=\frac{a}{c}=\sin A$$

$$\angle A\ \text{的余弦}=\frac{\text{邻边}}{\text{斜边}}=\frac{b}{c}=\cos A$$

$$\angle A\ \text{的正切}=\frac{\text{对边}}{\text{邻边}}=\frac{a}{b}=\tan A$$

$$\angle A\ \text{的余切}=\frac{\text{对边}}{\text{对边}}=\frac{b}{a}=\cot A$$

$$\angle A\ \text{的正割}=\frac{\text{斜边}}{\text{邻边}}=\frac{c}{b}=\sec A$$

$$\angle A\ \text{的余割}=\frac{\text{斜边}}{\text{对边}}=\frac{c}{a}=\csc A$$

其中正弦、余弦、正切是最为常用的函数，其比值 $a/c$、$b/c$、$a/b$ 应该牢记。特别注意的是以上比值为 $\angle A$ 的函数。

图 2.4（b）中另一个锐角是 $\angle B$。现在让我们看一下锐角 $\angle B$ 的函数。从上面的定义可知，一个角的正弦值是其对边与斜边的比值，$\sin B=b/c$。同样，$\angle B$ 的余弦为 $a/c$，$\angle B$ 的正切为 $b/a$。图 2.4（b）是按传统标注方法标注的直角三角形，注意下面的关系：

$$\sin A=a/c=\cos B$$
$$\cos A=b/c=\sin B$$
$$\tan A=a/b=\cot B$$
$$\sec A=c/b=\csc B$$

$$cscA = c/a = secB$$
$$cotA = b/a = tanB$$

在图 2.4 (b) 的直角三角形中，∠A 和 ∠B 为锐角，其和 ∠A+∠B=90°，一个角为另一个角的余角。例如，40°的余角是 90°−40°，即 50°。在图 2.4 (b) 中，sinA=a/c，cosB=a/c，因此 sinA=cosB。看下面的几对函数：sin 和 cos、tan 和 cot、sec 和 csc，在每一对函数中，一个是另一个的余函数。∠A 的任一函数都等于 ∠B 的余函数。即 sin30°=cos60°，tan26°40′=cot63°20′，sec50°=csc40°。

建筑师经常用到两个直角三角形，一个是锐角为 45°的直角三角形 [见图 2.5 (a)]，另一个是锐角为 30°和 60°的直角三角形。如图 2.4 (a) 所示，边 a 为一个单位长度，其余边长如图所示。由这两个图很容易求得表 2.1 中的数据。

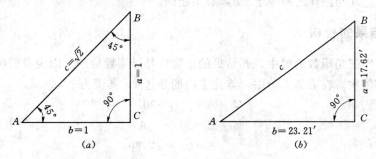

图 2.5  两个常用直角三角形

表中多数三角函数都是分数形式。用小数表示则为，$1/2=0.5$，$\sqrt{3}/2=0.86603$，$1/\sqrt{3}=0.57735$，$\sqrt{3}=1.73205$，$2/\sqrt{3}=1.15470$，$1/\sqrt{2}=0.70711$，$\sqrt{2}=1.41421$。所以我们知道 sin30°=0.5，cos30°=0.86603，tan60°=1.73205，cos45°=0.70711 等。这些值称为普通三角函数。通过普通三角函数表，我们可以直接求得任何介于 0°～90°之间角的三角函数值。

**表 2.1** 　　　　　　　　　　　常 用 三 角 函 数 值

| 角　度 | sin | cos | tan | cot | sec | csc |
|---|---|---|---|---|---|---|
| 30° | $\frac{1}{2}$ | $\frac{\sqrt{3}}{2}$ | $\frac{1}{\sqrt{3}}$ | $\sqrt{3}$ | $\frac{2}{\sqrt{3}}$ | 2 |
| 60° | $\frac{\sqrt{3}}{2}$ | $\frac{1}{2}$ | $\sqrt{3}$ | $\frac{1}{\sqrt{3}}$ | 2 | $\frac{2}{\sqrt{3}}$ |
| 45° | $\frac{1}{\sqrt{2}}$ | $\frac{1}{\sqrt{2}}$ | 1 | 1 | $\sqrt{2}$ | $\sqrt{2}$ |

## 2.5  已知两边求两角

如同第 2.3 节所介绍的，如果已知直角三角形的两条边，可以求得第三边的边长。在第 2.4 节中，我们已熟悉了各种三角函数，当两条边已知时，我们可以求得两个锐角的值。

**【例题 2.3】** 如图 2.5 (b) 的直角三角形，两条边已知，求锐角 A 和 B。

**解：** 因为 tanA 中包含边 a 和 b，两个都为已知量，我们可以写成

$$tanA = a/b = 17.62/23.21$$

因此∠A 是正切值为 17.62/23.21 的角（被称为该数的反正切）。用计算器和三角函数表（见表 2.1），可得

$$\angle A = \arctan \frac{17.62}{23.21} = 37.204°$$

同理

$$\angle B = \arctan \frac{23.21}{17.62} = 52.796°$$

经检验，∠A 与∠B 之和等于 90°，答案正确。

## 2.6 计算结果的校核

在第 2.5 节三角函数的解中，其结果的正确性是毋庸置疑的。因为我们可以用不同的解法来验证其答案。在第 2.5 节中，首先求得的是∠A，其值为 37.204°。

$$\because \angle A + \angle B = 90°$$
$$\angle B = 90° - \angle A$$

或

$$\angle B = 90° - 37.204°$$
$$\therefore \angle B = 52.796°$$

但是这种方法并没有对∠A 的计算结果进行校核，因为∠B 的求解是假定∠A 的计算结果是正确的。用不同的方法求得两个角的值，然后相加，其结果应为 90°，这才是校核计算结果的有效方法。这一步骤在例题中已给出，所有的校核都应该这样进行。

| 表 2.2 | 角 的 计 算 | |
|---|---|---|
| 已 知 条 件 | 角 度 (°) | |
| | ∠A | ∠B |
| a=4.72, b=12.26 | 21.06 | 68.94 |
| a=81.73, b=44.19 | 61.60 | 28.40 |
| a=7.06, c=11.17 | 39.20 | 50.80 |
| a=15.92, c=52.25 | 17.74 | 72.26 |
| b=19.98, c=46.23 | 64.39 | 25.61 |
| b=38.26, c=54.01 | 44.90 | 45.10 |

对表 2.2 中的直角三角形，两条边已知，两个锐角已由计算求得，验证这两个角的大小。

对表 2.2 中的直角三角形，观察其∠A 的函数总是∠B 的余函数，也就是说，sinA＝cosB，tanA＝cotB，等等。

<u>习题 2.6.A ～ 习题 2.6.F</u> 已知直角三角形的两边，求两锐角。

| 习 题 | 已 知 条 件 | 习 题 | 已 知 条 件 |
|---|---|---|---|
| 2.6.A | $a=27.21$ft, $b=53.08$ft | 2.6.D | $a=3.08$ft, $c=4.28$ft |
| 2.6.B | $a=3.01$ft, $b=4.67$ft | 2.6.E | $b=61.05$ft, $c=69.99$ft |
| 2.6.C | $a=10.09$ft, $c=74.99$ft | 2.6.F | $b=6.69$ft, $c=35.58$ft |

## 2.7 已知一边和一锐角求解直角三角形

当直角三角形的一个边和锐角已知时，可由三角函数表和对数表求得另一边，另一个锐角由 $90°$ 减去已知锐角求得。

**【例题 2.4】** 在图 2.6（a）中 $\angle A=33.33°$，$b=52.33$ft，求直角三角形的其他部分。

**解：** 因为两锐角之和为 $90°$，所以 $33.33°+\angle B=90°$，$\angle B=90°-33.33°$，因此 $\angle B=56.67°$。

$\angle A$ 的正切中包含边 $a$ 和边 $b$（见第 2.4 节），边 $b$ 已知，我们可以计算边 $a$ 的长度。

$$\tan A = a/b$$

代入得

$$\tan 33.33° = a/52.33$$

$$a = 52.33 \times \tan 33.33°$$

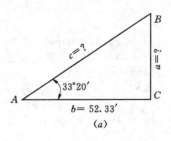 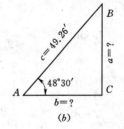

图 2.6 直角三角形求解

因此

$$a = 34.42\text{ft}$$

因为 $\angle A$ 的余弦中包含 $b$ 和 $c$，由 $\cos A$ 可求得 $c$，即

$$\cos A = b/c$$

代入得

$$\cos 33.33° = 52.33/c$$

$$c = 52.33/\cos 33.33°$$

因此

$$c = 62.63\text{ft}$$

求得 $a$ 以后，我们可以由 $\sin A$ 求得边 $c$ 的长度，$\sin A=a/c$，由此公式可求得边 $c$，但是前提是假定 $a$ 的计算没有错误，如果 $a$ 的计算有误，$c$ 也一定有误。上述求解边 $c$ 的方法是正确的，因为它没有涉及 $a$ 的计算，这是一个规则，在求未知量时，只用已知值。

$b$ 值已知，通过计算，我们又求得 $a$ 和 $c$，现在我们可以利用第 2.3 节的方法校核计算结果。由于

$$c^2 = a^2 + b^2$$

代入得 $$62.63^2 = 34.42^2 + 52.33^2$$

$$3923 = 1185 + 2738$$

这就是对计算结果的校核。

## 2.8   计算过程的安排

把计算过程安排得简洁、明了、系统非常重要。这种良好的习惯一旦养成，将会节省时间并减少错误发生的几率。对计算结果进行校核非常重要，特别是在工程实践中，因为一个问题的解经常会被用来求解别的问题。因此，如果没有校核，一开始就有错误，将会导致时间的浪费和整个计算的错误。任何时候只要有可能，就应该按比例绘制图形，通常绘图能够发现所存在的错误。

下面是一个计算过程安排的例子。

【**例题 2.5**】   在图 2.6（b）的直角三角形中，$\angle A = 48.5°$，$c = 49.26$ft，求 $\angle B$ 的大小和边 $a$、$b$ 的长度。

**解：**

$$\because \angle A + \angle B = 90°$$

$$\therefore 48.5° + \angle B = 90°$$

$$\angle B = 41.5°$$

求边 $a$ 的长度：

$$\because \sin 48.5° = \frac{a}{49.26}, \qquad a = 49.26 \times \sin 48.5°$$

$$\therefore a = 36.89\text{ft}$$

求边 $b$ 的长度：

$$\because \cos 48.5° = \frac{b}{49.26}, \qquad b = 49.26 \times \cos 48.5°$$

$$\therefore b = 32.64\text{ft}$$

校核：

$$49.26^2 = 36.89^2 + 32.64^2$$

$$2427 = 1361 + 1065$$

以上给出的是一个比较合理的校核方法。

表 2.3 类似于上例的几个问题，用上述方法验证一下表中每一个计算结果。

| 表 2.3 | 三   角   计   算 |
| --- | --- |
| 条   件 | 计   算 |
| $\angle A = 30°$，$c = 28.06$ft | $\angle B = 60°$，$a = 14.03$ft，$b = 24.30$ft |
| $\angle B = 22.5°$，$c = 73.26$ft | $\angle A = 67.5°$，$a = 67.68$ft，$b = 28.04$ft |
| $\angle A = 17.93°$，$a = 12.68$ft | $\angle B = 72.07°$，$b = 39.18$ft，$c = 41.18$ft |
| $\angle B = 46.38°$，$b = 56.73$ft | $\angle A = 43.62°$，$a = 54.05$ft，$c = 78.36$ft |

| 条　件 | 计　算 |
|---|---|
| $\angle A = 72.68°$，$b = 8.23$ft | $\angle A = 17.32°$，$a = 26.40$ft，$b = 27.65$ft |
| $\angle B = 62.1°$，$a = 31.17$ft | $\angle A = 27.9°$，$b = 58.87$ft，$c = 66.61$ft |

__习题 2.8.A ～ 习题 2.8.F__　下表的每一直角三角形中，已知一边边长和一锐角值，求未知量。

| 习　题 | 已 知 条 件 | 求　解 |
|---|---|---|
| 2.8.A | $\angle A = 45°$，$c = 14.14$ft | $\angle B$，$a$，$b$ |
| 2.8.B | $\angle B = 81.017°$，$c = 92.32$ft | $\angle A$，$a$，$b$ |
| 2.8.C | $\angle A = 36.7°$，$a = 6.04$ft | $\angle B$，$b$，$c$ |
| 2.8.D | $\angle B = 15.25°$，$b = 11.12$ft | $\angle A$，$a$，$c$ |
| 2.8.E | $\angle A = 8.27°$，$b = 34.23$ft | $\angle B$，$a$，$c$ |
| 2.8.F | $\angle B = 45.083°$，$a = 26.01$ft | $\angle A$，$b$，$c$ |

## 2.9　斜三角形和正弦定理

尽管解直角三角形所用到的定理可以用来解任何三角形，人们仍然推导了许多三角公式以简化问题的解。其中之一就是正弦定理。

正弦定理。任何三角形的边与其对角的正弦成正比。图 2.7（$a$）为一任意三角形，根据正弦定理，有

$$\frac{a}{\sin A} = \frac{b}{\sin B} = \frac{c}{\sin C}$$

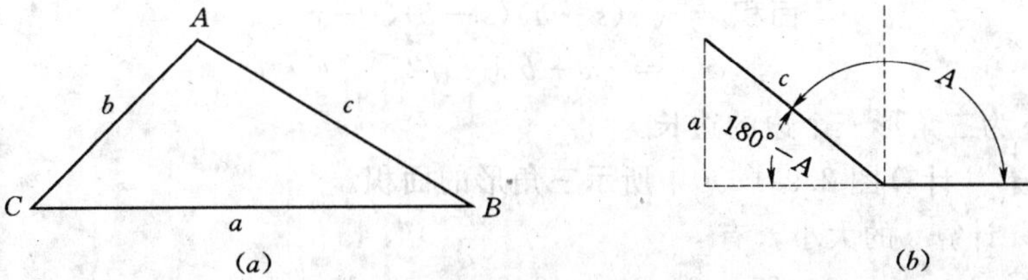

图 2.7　正弦定理

在第 2.4 节中，参见图 2.4（$b$）的直角三角形，有

$$\sin A = \frac{对边}{斜边} = \frac{a}{c}$$

图 2.7（$b$）中的 $\angle A > 90°$，为一钝角。从图上我们可以看到 $\sin A = a/c$，其值为 $\sin A = \sin(180 - A)$

__【例题 2.6】__　在图 2.7（$a$）中，$\angle A = 105°$，$\angle B = 30°$，$\angle C = 45°$。如果边 $a = 50$ft，求边 $b$ 和 $c$ 的长度。

__解：__由于 $\angle A$ 为钝角，所以 $\sin A = \sin(180° - 105°)$，$\sin A = \sin 75°$。利用正弦定

理，有

$$\frac{a}{\sin a} = \frac{b}{\sin b}$$

$$b = \frac{50\sin 30°}{\sin 75°}$$

$$\therefore b = 25.88 \text{ft}$$

同理

$$\frac{a}{\sin a} = \frac{c}{\sin c}$$

$$c = \frac{50\sin 45°}{\sin 75°}$$

$$\therefore c = 36.60 \text{ft}$$

<u>习题 2.9.A</u>　求图 2.8（$a$）三角形中边长 $AB$、$BC$ 和 $\angle A$ 的值。

<u>习题 2.9.B</u>　求图 2.8（$b$）三角形中边长 $AB$、$BC$ 和 $\angle B$ 的值。

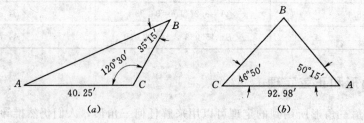

图 2.8　习题 2.9，三角函数应用图

## 2.10　三角形的面积

直角三角形的面积等于底乘以高的一半。

当三角形的三个边长已知时，也可用下面的公式求三角形的面积：

$$\text{面积} = \sqrt{s(s-a)(s-b)(s-c)}$$

其中

$$s = (a+b+c)/2$$

式中：$a$、$b$、$c$ 为三角形三个边的边长。

【**例题 2.7**】　计算图 2.9（$a$）中所示三角形的面积。

**解**：首先，计算 $s$ 的大小，有

$$s = \frac{30.17 + 20.20 + 42.83}{2} = \frac{93.20}{2} = 46.60$$

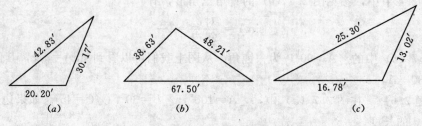

图 2.9　例题 2.7，三角形面积计算图

所以

$$(s-a) = 46.60 - 30.17 = 16.43$$

$$(s-b) = 46.60 - 20.20 = 26.40$$

$$(s-c) = 46.60 - 42.83 = 3.77$$

$$面积 = \sqrt{46.60 \times 16.43 \times 26.40 \times 3.77} = 276.1\text{ft}^2$$

<u>习题 2.10.A</u>  计算图 2.9（b）中三角形的面积。

<u>习题 2.10.B</u>  计算图 2.9（c）中三角形的面积。

## 2.11  一般几何图形的性质

为了解决场地设计工作中的各种问题，需要计算各种几何图形的有关参数。这些参数计算主要是求直线的长度问题。图中露天绿化场地的面积、开挖土方体积，这些几何图形的外形很不规则。但是，一般都是由一些简单几何图形组成，或者是多个简单几何图形的组合。

即使是非常不规则的几何图形也都可以近似地分割为几个简单几何图形的组合，这样处理的误差在进行初步估算或者详细计算时是能够满足要求的。利用目前有效的计算机辅助方法，这种几何图形的近似分割在最终的设计工作中的作用并不是很大，但是对初步估算中简单的手算仍是非常有帮助的。

本书描述了各种测量任务中所涉及的几何图形。这里给出了一些最经常碰到的基本几何图形的计算公式，可以根据这些基本计算公式求解那些复杂和不规则的几何图形。

图 2.10 为一些常见的平面几何图形及其周长、面积的计算公式。图 2.11 为一些常见的三维几何体及其表面积和体积的计算公式。

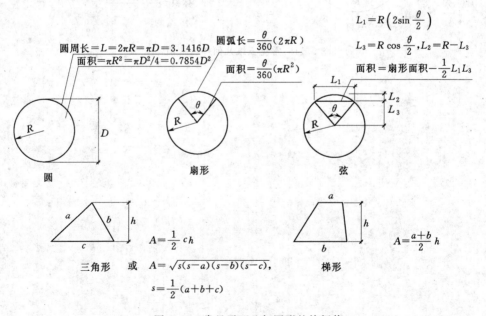

图 2.10  常见平面几何图形的特征值

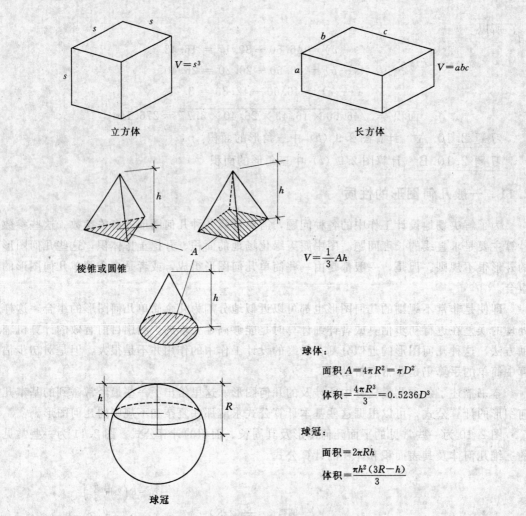

立方体    $V = s^3$

长方体    $V = abc$

棱锥或圆锥    $V = \dfrac{1}{3}Ah$

球体:

面积 $A = 4\pi R^2 = \pi D^2$

体积 $= \dfrac{4\pi R^3}{3} = 0.5236 D^3$

球冠:

面积 $= 2\pi Rh$

体积 $= \dfrac{\pi h^2(3R-h)}{3}$

球冠

图 2.11　常见三维几何体特征值

# 第 **3** 章

## 场 地 测 量 和 地 图

### 3.1 场地信息

只要进行场地开发，都需要了解有关场地的信息。场地信息的类型和范围根据场地状况和规划开发的类型而定。获取这些信息的过程有时被称为场地测量，而实际上测量本身是一个测定水平和垂直方向尺寸大小的过程。通过测量和其他方法获得的场地信息通常用场地地图或平面图来表示。

### 3.2 场地测量的类型

场地测量这一术语通常是针对某类特定地图而言的，这类地图是由注册土地测量师绘制，并作为一个具有法律效力的文件在当地政府部门注册。注册后此文件就成为场地法律文件的一部分。然而，关于场地的具体法定说明包含在有关该地块的书面描述文件中，该文件指出了该地块相对于本地区（市、县等）法定边界的位置。

除了场地边界，测量工作还可以得到场地其他方面的各种信息，例如：

(1) 临近的街道和小路的位置。

(2) 公用设施位置（已有或预留公用设施）。

(3) 场地主要地物的位置及其说明，如池塘、小溪、岩石露头、建筑物和大树等。

场地测量是对场地状况的一般性描述，重点是对地物的描述。场地其他方面的信息也是比较有用的，特别是在场地规划时，非常需要这些信息。

场地测量中其他类型的信息、信息来源及其使用情况如下：

(1) 普通地图。这些地图可从当地政府及各职能部门（公路、农业、美国军方等）获得，或者在某些情况下从商业测绘公司获得。

（2）地理统计图。这类地图描述了不同数据的分布。例如人口密度、大气污染、地震活动性、雨雪量、气温状况等。

（3）航空摄影测量（航测图）。美国许多地区都有此类地图。一般可从政府部门和商业测绘公司获得。

（4）岩土工程勘测。岩土工程勘测涉及有关土地环境、地表及地下岩土体特征等方面的有关信息。一些已有信息可从一般的测量机构或以前的场地开发资料中获得。在建筑施工之前通常需要进行场地的岩土工程勘测工作，这样才能获得场地开发许可证。

对于已经进行过较多项目开发的区域，往往已经存在大量反映该区域场地一般状况的信息，这些信息可以被充分利用，同时可以通过深入现场初步了解待开发场地的情况。

场地开发和规划所需的新信息的种类和范围取决于规划工作的性质、当地政府机构的特殊要求、场地的特殊情况、现有信息的数量等。

## 3.3　场地开发平面图

地理信息、地块的法律文件以及各种场地测量工作通常都与地图的制作有关。地图主要是地面某些区域的水平平面图。数据可以直接标注在地图上，或者标注在地图的特定部分。

地图的绘制（地图制图学）是一门发展较成熟的学科，它按照一定的程序，用特定方法采集数据来制作地图。任何涉及国际统一制定的经纬度、国界、州界、县界、市界或法定私有地产的界线都必须遵从严格定义的程序。

另外，有关街道、公路的位置，已有测量参考资料（如水准点，见第8.4节），建筑物高度限制以及附属建筑物特征等信息必须以固定的格式表示。

一般来说，地图的生产和使用都有严格的要求。而平面图是为某一特定目的而制作的，它的形式和所表达信息的种类视开发项目的类型有关。在场地开发过程中，常用的平面图有以下几种类型：

（1）场地平面图。从本质上讲这是一种场地地图，它通常由测量数据绘制而成，同时也标注拟建项目的具体情况。对于简单的工程而言，一张场地平面图已经足够，而对于大型的、复杂的工程来说，为了方便读图，则需要一系列的图纸来表达不同的信息。场地平面图通常是建设工程项目中系列建筑施工图的重要的部分。

（2）梯度图。梯度图通常是描述场地的等高线（地表形状）和现场场地地物（例如街道、建筑物等）的一种场地地图，同时它也表示了场地平整后场地表面的形状。这些信息可以让场地建设者方便地进行平整场地的工作。

（3）施工平面图。施工平面图给出了拟建建筑物的平面布置。施工图由各种结构详图组成。地面构造（车道、路缘、支撑结构、植被等）、建筑基础、其他的地下构筑物（地下室、隧道等）以及拟建建筑物的地面构造（一层地面）可能需要单独绘图说明。

## 3.4　数据源

地图通常为各种数据的来源，为场地开发、建筑规划提供信息。人们通常把它作为一种"已知"的条件，根据此条件可以进行拟建工程的规划。在场地的界线范围内，尽管受到许多现场实际条件和法律的限制，但开发建设的内容可以进行某种程度的自由调整。

场地开发受到许多场地边界条件的限制。场地界线的大致尺寸必须要先测绘出来，它决定了拟建建筑物的水平投影尺寸。然而，场地开发的其他方面也与场地界线的大小和周围地物有关。下面是一些特别需要关注的方面：

(1) 地表排水系统。改变后的场地地形以及新建的建筑物不能导致周边地区在降雨时地表排水系统改道。

(2) 现有的街道。现有街道通常代表了不能改变的情况。这些情况在规划地表地形、车道等内容时必须予以考虑。场地车辆的入口和出口必须考虑交通情况以及其他现状的限制。

(3) 现有公用设施。在规划场地的公用设施时，必须与现有公用设施（电力、水、煤气、电话等）的总管或干线相连接。特别需要注意的是依靠重力排水的街道下水道在重要环境中的垂直位置。

(4) 临近地物。场地建设不能给临近土地、建筑物造成毁坏、侵蚀等危害。

测量的主要目的是为设计提供所有必须的数据，设计时要全面考虑上述因素，也要考虑拟建建筑物及周围的条件。

## 3.5 设计进程

通常，建设工程项目的设计在某种程度上是交替进行的。在最初阶段，要在没有详细信息的情况下作出初步的设计。更详细的信息是在对初步设计进行研究的基础上获得，以便于具体地确定所需的详细信息（如岩土工程勘察）。

因此，设计信息的获取以及设计工作本身必须循序渐进地进行。首先，收集一些基本的信息进行初步设计，然后，收集更具体的信息进行详细设计，之后收集一些非常关键的、特定的信息，依次进行。由于有些信息（例如在场地的某一点下究竟是什么样的状况？）只能在场地再开发过程中获得，因此这个过程可能要深入贯穿于整个工程建设阶段。

在设计的不同阶段能够预测到所需要的信息、判别获得各种信息形式的可能性、合理规划设计流程、交叉进行设计方案的修改及信息的收集均是非常重要的。最理想的状况是准确和及时地收集信息，设计工作是在对情况充分了解的基础上进行的。

# 第**4**章

# 距 离 测 量

测量的一项基本任务是进行距离的简单直线丈量。目前，这项工作主要由仪器来完成，但是很多情况下，仍然要使用一些简单的方法进行测量，最常用的便是卷尺测量。本章介绍了卷尺在普通测量工作中的用法。

## 4.1 卷尺

所有的卷尺在受到拉力作用时，都易被拉伸。由于钢卷尺具有较强的抗变形能力，一般专门用于精密测量。钢卷尺的长度通常为 50ft 和 100ft，当需要时，也有长度更长的卷尺。

钢卷尺是一种带有英尺及其小数部分刻度的薄钢带状尺。一般情况下，钢卷尺上 1ft 的刻度被划分为 10 份和 100 份。在使用卷尺前，应当仔细观察零点的位置。有时候零点位于尺端圆环的最外部（端点尺），如图 4.1 (*a*) 所示。但有时候，也会如图 4.1 (*b*) 所示，其零点在尺身（刻线尺）。使用前者的优点在于你可以把尺端固定在地上的测钎上或墙上的钉子上，而不需要有人拉住尺端。而测距时有人辅助则可以节省大量时间，同时测量结果也会较精确。

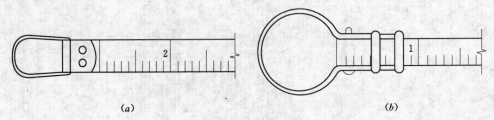

(*a*)　　　　　　　　　　　　　　　　(*b*)

图 4.1　卷尺的形状

## 4.2 链尺

许多古老的测距方法是以链尺（chain）为单位的。一条链尺由 100 个重钢链环组成。每一链的末端有一个环以连接相邻的链环。链尺长度为 66ft。因为一条链尺有 100 链（link），因此，每一链的长度为 0.66ft 或 7.92in，10 平方链等于 1 英亩。因此，采用链尺可以非常方便地测量土地的面积。

由于长期地使用，链环被磨损导致长度有变化致使测量结果有误差。人们认为这便是在某些老的机构中使用的地方标准同美国度量标准之间产生偏差的原因。在美国，链已不再作为度量单位。在以往的测量工作中，链向英尺和英寸的转换中，经常用到下面的转换关系：

$$7.92\text{in}=1\text{link}$$
$$100\text{link}=1\text{chain}=66\text{ft}$$
$$80\text{chain}=1\text{mile}$$

## 4.3 水平距离

有一点需要牢记，即地图和平面图上的所有距离都为其水平投影距离。地表通常是倾斜的，很少是完全水平的。然而，测量和土地契约中所记录的距离总是水平距离。图 4.2 为一山坡的断面图，$A$ 点和 $B$ 点之间的距离实际上应该测量和记录 $A'$ 点和 $B$ 点间的距离，即 $AB$ 间实际距离的水平投影。

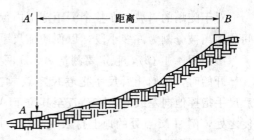

图 4.2 水平距离测量

一般来说，测量距离时，把卷尺放在水平位置，通过铅垂线来测得两点的距离。一人在高处手持卷尺的零点用图钉将卷尺置于标桩上，另一人一手持卷尺，一手持铅垂线，把铅垂球置于测点之上，读取两线交点处卷尺的读数。这一过程如图 4.3 所示，由图可以看出，下坡方向的测量比上坡方向的测量容易得多。

从图 4.3 中可以明显地看出，卷尺的两端必须在同一水平上。如果测量是准确的，则卷尺一定水平。当然，卷尺会有一定程度的弯曲。通常，在普通测量中，为保证测量结果

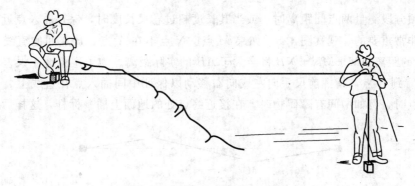

图 4.3 水平距离测量示意图

的准确性，一般要求用10磅（lb）的拉力拉紧拉平尺子。在精度要求比较高的城市测量中，卷尺上经常放一水准仪并用弹簧秤来保证施加水平均匀的拉力。

测量时也可以把卷尺直接置于坡面上。例如，假定我们想确定 $A$ 点和 $B$ 点的水平距离 $AB$ [见图 4.4 （a）]，可将卷尺置于坡面，测得 $AB$ 间距离，角度 $\theta$ 由经纬仪测得，由第 2 章的三角定理可以计算出 $A'B$ 间的距离。这种方法比较费时，只有当现场条件需要这样测量时才使用这种方法。

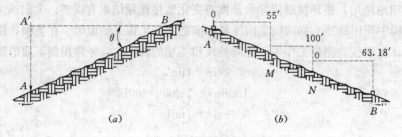

图 4.4   陡峭斜坡测量

## 4.4   陡峭斜坡测量

对于陡峭的斜坡，在整个测距范围内保持卷尺水平是不现实的。在这种情况下，两点间的距离被分割为许多小段，以便使前尺手能方便地将卷尺置于胸部位置。

参照图 4.4 （b），假定要测量 $A$、$B$ 两点间的水平距离，两点间的高差约为 10ft。

开始时，我们让后尺手把卷尺零点放在上面的标桩上，即 $A$ 点处。前尺手向前走，后尺手指挥他向左或向右移动直至其位于 $A$、$B$ 两点之间的直线上，然后在比较平坦的方便之处，例如 $M$ 点处的地上打入一测钎，并测出此段的距离，并向后尺手报告读数，如 55ft。后尺手再把这一读数大声重复一遍以免听错。然后，后尺手拿起卷尺，向前走到 $M$ 点处，把卷尺上 55ft 处置于测钎上。前尺手拉伸卷尺至其全长，如 100ft，并在地上置一测钎，定为 $N$ 点。后尺手拿着卷尺前进，并把零点置于刚才的测钎上，然后，前尺手继续前进，将铅垂球置于 $B$ 点上方，并读数，长度为 63.18ft。所以 $A$、$B$ 两点距离为 163.18ft。

## 4.5   点间定线

当必须分段测量两点间距离时，或当其长度超过卷尺长度时，保持插入点近似在一条直线上是非常重要的。观察图 4.5，如果 $M$ 点、$N$ 点不在 $A$ 点、$B$ 点间的直线上（平面图），记录的距离 $AM+MN+NB$ 将会大于 $AB$ 的实际距离。为了避免这一误差，后尺手应从 $A$ 点看到 $B$ 点，指挥前尺手向左或向右移动以保证中间插入点在直线上。当后尺手看不到终点时，例如中间有障碍物时，在接近终点处的地面上插一标杆，这样后尺手就能

图 4.5   点间定线

看到此标杆。这种标杆通常是木制的八边形断面，长度为 6～10ft，杆身为红白两色相间，底部为铁制的。

## 4.6 测量中点的标定

测量中直线端点通常以在地上打入木桩标定。一般在木桩的顶面钉一平头钉或曲头钉表示点的精确位置。当地上无法打木桩时，可打一些金属桩，其精确的点位可在桩的顶部中心穿孔标定。当遇到岩石、混凝土铺面或建筑物的砌石部分时，可在顶面用黄色粉笔和黑铅笔刻十字线，以其交点表示点的精确位置。对于一些永久性的点位，需钻孔标示。

对于临时性的点位和中间点，经常用到箭状的金属测钎。这些金属测钎直径约3/16in，长度为 12～15in。将他们垂直地打入地面，与测量点间的直线呈直角。精确的点标示于地面上部钎的中心。

## 4.7 错误和误差

错误是由于测量时某些操作人员的不正确操作所引起的。养成良好的工作习惯将会减少许多错误的发生。误差是由于测量仪器和测量方法的缺陷所引起的，如使用卷尺时，由于其本身长度不精确导致误差，这种误差可以修正。对于一些精度要求很高的测量工作，有许多种方法可以修正误差。

**1. 系统误差和偶然误差**

系统误差是一种常差和均差，它们以相同的方式影响测量结果，使测量成果要么减小要么增大，并连续地累积误差。

偶然误差却相反，它们趋向于彼此相互抵消。系统误差要么使误差都为正值，要么使误差都为负值，而偶然误差则使同一组测量成果的误差既有正值也有负值。

对于长距离的测量，系统误差的最终结果可能会相当大。如果误差是偶然误差，最终误差结果则会相对较小。

**2. 精度**

要在实际测量中得到绝对准确的数据几乎是不可能的。测量的精度取决于测量的性质。例如，在建筑物放线时，如果测量结果精确到 1/8in，就认为结果已经相当精确；而在制造精密轴承时，1/1000in 的误差可能就被认为太大了。很明显，越是精确的测量，所需成本越高。测量一块乡村土地和测量大城市商业中心的某一地块花费同样的精力和要求同样的精度是不合适的。

在测量学中，精度指的是误差同测量距离的比。这一比值用分数来表示。例如，如果允许精度是 1/10000，那么，在 10000ft 的长度中，1ft 的误差是可以接受的。对于测量农场、郊区以及地块内的建筑放样，1/5000 的精度通常认为是可以接受的。这相当于每 100ft 长度，误差约为 1/4in。在城市测量中通常要求达到 1/10000 的精度，有时精度要求更高。对一般的建筑施工测量来说，这样的精度是不够的，需要加以改正或采用更精密的测量方法，但这已超出了本书的范围。

**3. 测距中的错误**

距离测量中常见的错误是没能正确对准卷尺的零点位置。当测量者从一种型号的卷尺换成另一种型号的卷尺时，极有可能发生这种错误。

在长距离测量中，某一整尺可能会被遗漏。为了避免这种错误的发生，有时在口袋里放上一枚硬币或卵石以记录一个整尺数。另一种方法是多人计数。

在读数时，也可能会读错数。例如把 75.92 读为 76.92。有时数字会读反，6 被误认为 9 或者 68 误认为 89。另一种常见的错误是读错数字顺序，例如 21.15 读为 21.51。

测量时，目测估算所测距离的长度是一个非常好的习惯，这一习惯将有助于消除大的错误发生。

### 4. 测距中的误差

测量时没能将卷尺拉紧会导致结果偏大。在穿过灌木丛、砾石时，允许卷尺弯曲也会导致误差的出现。在天气恶劣的情况下应避免进行测量，因为大风会把钢卷尺吹离测线位置。4.5 节中所述的卷尺不在一条直线上是另一种常见的误差，但是这一误差很容易消除。上述所提到的误差都会使测量结果偏大，而且都是系统误差。

铅垂球没有垂直地位于测点上可能导致测量结果要么偏大要么偏小，这类误差是偶然误差，即后一个误差可能会抵消前一误差。

### 5. 长度不准确的卷尺

最为严重的误差来源之一在于使用长度有误的卷尺。例如，刻度显示长为 100ft，但是，其实际长度小于或大于 100ft。如果使用这种卷尺，其结果势必有误，而且误差为系统误差。

测量人员常应将其测量用的卷尺送到国家标准局校正其长度。经过校正后的卷尺是标准的，可以用它来校正其他的卷尺，从而使它们可以投入使用。

如果知道了每把卷尺的长度误差，就可以计算出修正长度的数据。用有误差的卷尺测得的长度减去或加上修正的数据就可以得出实际的准确长度。

(1) 如果尺子比标准长度长，应加上修正值。假定我们有一把尺子，它的刻度长为 100ft，但实际长度为 110ft。当然，这是为说明问题而夸大的误差。实际上，尺子误差通常只有几分之一英寸。参照图 4.6 (a)，A 和 B 相距刚好为 100ft。如果我们把有误差的卷尺零点置于 A 点，拉紧整个卷尺，卷尺上 100ft 的刻度点将会超过 B 点。B 点处卷尺的读数接近 90.91ft。因为卷尺的读数小于其实际长度，故校正值必须加上卷尺的读数从而可以得到准确的实际长度。

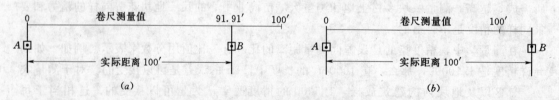

图 4.6　长度不准确卷尺测量的校正

(2) 如果卷尺比标准长度短，必须减去校正值。假定我们有一把卷尺，它的刻度长为 100ft，而实际长度只有 90ft。在图 4.6 (b) 中 A 点与 B 点之间的距离恰好为 100ft。如果把有误差的卷尺零点置于 A 点，拉紧整个卷尺，卷尺上 100ft 的刻度点将不能到达 B 点。用有误差卷尺所测得的 A 点到 B 点的距离为 111.11ft。因此，由于所测得的读数大于实际长度，所以我们必须从卷尺读数中减去校正值以得到准确的距离值。

**【例题 4.1】**   用 100ft 的钢卷尺测得两点间的距离为 323.52ft，同标准相比，钢卷尺的实际长度只有 99.83ft 而不是 100ft。计算两点实际距离。

**解：**                    $100ft - 99.83ft = 0.17ft$

所以                    修正值 $= 0.17ft/100ft$

或                    修正值 $= 0.0017ft/1ft$

323.52ft 的修正值为 $323.52 \times 0.0017 = 0.549984ft$，近似为 0.55ft。

由于卷尺较短，必须减去修正值，因此，两点间的实际距离为

$$323.52 - 0.55 = 322.97ft$$

习题 4.7. A ～ 习题 4.7. F   下面是采用有误差卷尺测量距离的问题。第二列为用有误差卷尺所测得的距离，第三列为与 100ft 标准卷尺相比卷尺的实际长度，计算每一种情况下的实际距离。

| 习　题 | 测量值（ft） | 卷尺实际长度（ft） |
|---|---|---|
| 4.7. A | 78.63 | 100.13 |
| 4.7. B | 153.17 | 100.13 |
| 4.7. C | 23.16 | 100.09 |
| 4.7. D | 456.73 | 99.71 |
| 4.7. E | 83.27 | 100.33 |
| 4.7. F | 126.26 | 99.94 |

## 4.8  换算

因为测量仪器以英尺及其小数部分为刻度，而且这一刻度系统简化了计算，所以测量人员均用这种单位系统来记录测量结果。然而，建筑师和施工人员却使用英尺、英寸和英寸的小数系统。由于这一原因，在建筑放样和测绘平面图时，经常需要在这两种单位系统之间换算。

在普通测量中，尺寸大小已知或仅要求接近于 1/100ft 的精度。为达到这一精度，下面的换算关系是非常方便应用的。例如，已知如下等式：

$$3'' = 0.25' \quad （精确值）$$
$$4'' = 0.33' \quad （近似值）$$
$$6'' = 0.50' \quad （精确值）$$
$$8'' = 0.67' \quad （近似值）$$
$$9'' = 0.75' \quad （精确值）$$

现在，由于 $12'' = 1'$，$1'' = (1/12)'$ 或者 $0.08333'$，因此 $1'' \approx 0.08'$，从而一个近似等式 $(1/8)'' \approx 0.01'$。用这个等式和上面的等式，我们可以得到如下的英寸及其小数部分的换算关系：

$$1'' = 0.08'$$
$$2'' = 0.17' \quad (0.25' - 0.08')$$

$$3''=0.25'$$
$$4''=0.33'$$
$$5''=0.42'\ (0.50'-0.08')$$
$$6''=0.50'$$
$$7''=0.58'\ (0.50'+0.08')$$
$$8''=0.67'$$
$$9''=0.75'$$
$$10''=0.83'\ (0.75'+0.08')$$
$$11''=0.92'\ (1.00'-0.08')$$
$$12''=1.00'$$

至于说带有分数的英寸，我们知道 $(1/8)''=0.01'$，那么 $(1/4)''=2\times0.01=0.02'$，$(3/8)''=3\times0.01=0.03'$，等等。因此，对于带有分数和小数的英寸，我们从整数部分加上或减去上述关系中的值，例如：

$$3\frac{1}{8}''=0.25+0.01=0.26'$$

$$7\frac{3}{4}''=0.67-0.02=0.65'$$

$$5\frac{5}{8}''=0.50-0.03=0.47'$$

$$11\frac{1}{2}''=1.00-0.04=0.96'$$

将用小数表示的英尺转化为英寸的方法类似。例如：

$$0.53'=6+\frac{3}{8}=6\frac{3}{8}''$$

$$0.23'=3-\frac{1}{4}=2\frac{3}{4}''$$

$$0.68'=8+\frac{1}{8}=8\frac{1}{8}''$$

$$0.89'=11-\frac{3}{8}=10\frac{5}{8}''$$

经常测量的人可以心算这些换算关系，而不用查阅上面的换算关系。

**1. 换算表**

当要求的距离接近1ft的1/100，或者说接近 $1/8''$ 时，用上面的方法将可以计算出准确的结果。如果要求的精度更高，可使用表4.1。在表4.1中，英寸和英寸的分数以带小数的英尺表示，其值精确到4位小数。注意表中是以 $1/32$ in 递增的。参照表4.1，我们可直接得到 $4\frac{17}{32}''=0.3776'$，$8\frac{3}{16}''=0.6823'$，$0.6563'=7\frac{7}{8}''$，$0.7552'=9\frac{1}{16}''$，等等。

**2. 公制单位**

本书中所有的单位制都是以英尺和英寸（美制单位）给出的。这些单位同公制单位之间需要经常换算。因为其他许多参考书中都阐述了其换算方法，所以这里就不再详述。

习题 4.8.A 和习题 4.8.B 试进行下面单位的换算，并将你的计算结果与表 4.1 进行对比。

4.8.A 将下面的长度距离以英尺表示：129ft2 $\frac{1}{2}$in、75ft0 $\frac{5}{8}$in、23ft9 $\frac{3}{4}$in、351ft7 $\frac{5}{8}$in、17ft4 $\frac{3}{8}$in、183ft2 $\frac{1}{8}$in。

4.8.B 将下面的长度以英尺和英寸表示：25.19ft、68.46ft、92.10ft、145.60ft、236.21ft、33.95ft。

表 4.1                  英 寸 英 尺 转 换 表

| in | 0 | 1 | 2 | 3 | 4 | 5 | 6 | 7 | 8 | 9 | 10 | 11 |
|---|---|---|---|---|---|---|---|---|---|---|---|---|
| 0 | ft | 0.0833 | 0.1667 | 0.2500 | 0.3333 | 0.4167 | 0.5000 | 0.5833 | 0.6667 | 0.7500 | 0.8333 | 0.9167 |
| $\frac{1}{32}$ | 0.0226 | 0.0859 | 0.1693 | 0.2526 | 0.3359 | 0.4193 | 0.5026 | 0.5859 | 0.6693 | 0.7526 | 0.8359 | 0.9193 |
| $\frac{1}{16}$ | 0.0052 | 0.0885 | 0.1719 | 0.2552 | 0.3385 | 0.4219 | 0.5052 | 0.5885 | 0.6719 | 0.7552 | 0.8385 | 0.9219 |
| $\frac{3}{32}$ | 0.0078 | 0.0911 | 0.1745 | 0.2578 | 0.3411 | 0.4245 | 0.5078 | 0.5911 | 0.6745 | 0.7578 | 0.8411 | 0.9245 |
| $\frac{1}{8}$ | 0.0104 | 0.0938 | 0.1771 | 0.2604 | 0.3438 | 0.4271 | 0.5104 | 0.5938 | 0.6771 | 0.7604 | 0.8438 | 0.9271 |
| $\frac{5}{32}$ | 0.0130 | 0.0964 | 0.1797 | 0.2630 | 0.3464 | 0.4297 | 0.5130 | 0.5964 | 0.6797 | 0.7630 | 0.8464 | 0.9297 |
| $\frac{3}{16}$ | 0.0156 | 0.0990 | 0.1823 | 0.2656 | 0.3490 | 0.4323 | 0.5156 | 0.5990 | 0.6823 | 0.7656 | 0.8490 | 0.9323 |
| $\frac{7}{32}$ | 0.0182 | 0.1016 | 0.1849 | 0.2682 | 0.3516 | 0.4349 | 0.5182 | 0.6016 | 0.6849 | 0.7682 | 0.8516 | 0.9349 |
| $\frac{1}{4}$ | 0.0208 | 0.1042 | 0.1875 | 0.2708 | 0.3542 | 0.4375 | 0.5208 | 0.6042 | 0.6875 | 0.7708 | 0.8542 | 0.9375 |
| $\frac{9}{32}$ | 0.0234 | 0.1068 | 0.1901 | 0.2734 | 0.3568 | 0.4401 | 0.5234 | 0.6068 | 0.6901 | 0.7734 | 0.8568 | 0.9501 |
| $\frac{5}{16}$ | 0.0260 | 0.1094 | 0.1927 | 0.2760 | 0.3594 | 0.4427 | 0.5260 | 0.6094 | 0.6927 | 0.7760 | 0.8594 | 0.9427 |
| $\frac{11}{32}$ | 0.0286 | 0.1120 | 0.1953 | 0.2786 | 0.3620 | 0.4453 | 0.5286 | 0.6120 | 0.6953 | 0.7786 | 0.8620 | 0.9453 |
| $\frac{3}{8}$ | 0.0313 | 0.1146 | 0.1997 | 0.2813 | 0.3646 | 0.4479 | 0.5313 | 0.6146 | 0.6979 | 0.7813 | 0.8646 | 0.9479 |
| $\frac{13}{32}$ | 0.0339 | 0.1172 | 0.2005 | 0.2839 | 0.3672 | 0.4505 | 0.5339 | 0.6172 | 0.7005 | 0.7839 | 0.8672 | 0.9505 |
| $\frac{7}{16}$ | 0.0365 | 0.1198 | 0.2031 | 0.2865 | 0.3698 | 0.4531 | 0.5365 | 0.6198 | 0.7031 | 0.7865 | 0.8698 | 0.9531 |
| $\frac{15}{32}$ | 0.0391 | 0.1224 | 0.2057 | 0.2891 | 0.3742 | 0.4557 | 0.5391 | 0.6224 | 0.7057 | 0.7891 | 0.8724 | 0.9557 |
| $\frac{1}{2}$ | 0.0417 | 0.1250 | 0.2083 | 0.2917 | 0.3750 | 0.4583 | 0.5417 | 0.6250 | 0.7083 | 0.7917 | 0.8705 | 0.9583 |
| $\frac{17}{32}$ | 0.0443 | 0.1276 | 0.2109 | 0.2943 | 0.3776 | 0.4609 | 0.5443 | 0.6276 | 0.7109 | 0.7943 | 0.8776 | 0.9609 |

| in | 0 | 1 | 2 | 3 | 4 | 5 | 6 | 7 | 8 | 9 | 10 | 11 |
|---|---|---|---|---|---|---|---|---|---|---|---|---|
| $\frac{9}{16}$ | 0.0469 | 0.1302 | 0.2135 | 0.2969 | 0.3802 | 0.4635 | 0.5469 | 0.6302 | 0.7135 | 0.7969 | 0.8802 | 0.9635 |
| $\frac{19}{32}$ | 0.0495 | 0.1328 | 0.2161 | 0.2995 | 0.38228 | 0.4661 | 0.5495 | 0.6328 | 0.7161 | 0.7995 | 0.8828 | 0.9661 |
| $\frac{5}{8}$ | 0.0521 | 0.1354 | 0.2188 | 0.3021 | 0.3854 | 0.4688 | 0.5521 | 0.6354 | 0.7188 | 0.8021 | 0.8854 | 0.9688 |
| $\frac{21}{32}$ | 0.0547 | 0.1380 | 0.2214 | 0.3047 | 0.3880 | 0.4714 | 0.5547 | 0.6380 | 0.7214 | 0.8047 | 0.8880 | 0.9714 |
| $\frac{11}{16}$ | 0.0573 | 0.1406 | 0.2240 | 0.3073 | 0.3906 | 0.4740 | 0.5573 | 0.6406 | 0.7240 | 0.8073 | 0.8906 | 0.9740 |
| $\frac{23}{32}$ | 0.0599 | 0.1432 | 0.2266 | 0.3099 | 0.3932 | 0.4766 | 0.5599 | 0.6432 | 0.7266 | 0.8099 | 0.8932 | 0.9766 |
| $\frac{3}{4}$ | 0.0625 | 0.1458 | 0.2292 | 0.3125 | 0.3958 | 0.4792 | 0.5625 | 0.6458 | 0.7292 | 0.8125 | 0.8958 | 0.9792 |
| $\frac{25}{32}$ | 0.0651 | 0.1484 | 0.2318 | 0.3151 | 0.3984 | 0.4818 | 0.5651 | 0.6484 | 0.7318 | 0.8151 | 0.8984 | 0.9818 |
| $\frac{13}{16}$ | 0.0677 | 0.1510 | 0.2344 | 0.3177 | 0.4010 | 0.4844 | 0.5677 | 0.6510 | 0.7344 | 0.8177 | 0.9010 | 0.9844 |
| $\frac{27}{32}$ | 0.0703 | 0.1536 | 0.2370 | 0.3203 | 0.4036 | 0.4870 | 0.5703 | 0.6536 | 0.7370 | 0.8203 | 0.9036 | 0.9870 |
| $\frac{7}{8}$ | 0.0729 | 0.1563 | 0.2396 | 0.3229 | 0.4063 | 0.4896 | 0.5729 | 0.6563 | 0.7396 | 0.8229 | 0.9063 | 0.9896 |
| $\frac{29}{32}$ | 0.0755 | 0.1589 | 0.2422 | 0.3255 | 0.4089 | 0.4922 | 0.5755 | 0.6589 | 0.7422 | 0.8255 | 0.9089 | 0.9922 |
| $\frac{15}{16}$ | 0.0781 | 0.1615 | 0.2448 | 0.3281 | 0.4115 | 0.4948 | 5781 | 0.6615 | 0.4480 | 0.8281 | 0.9115 | 0.9948 |
| $\frac{31}{32}$ | 0.0807 | 0.1641 | 0.2474 | 0.3307 | 0.4141 | 0.4874 | 0.5807 | 0.6641 | 0.7474 | 0.8307 | 0.9141 | 0.9974 |

# 第 **5** 章

# 角 度 测 量

虽然专业测量人员目前大多使用精密仪器来测量水平角和垂直角，但简单的测量仍在使用本章所介绍的仪器，这些仪器仍可从其制造商那里获得。不管怎样，人们可以通过使用这些简单仪器来学习基本的测量方法，这也是人们普遍使用这些仪器的原因。

## 5.1 水准仪和经纬仪

普通水准仪和经纬仪是工程师和专业测量人员所用精密仪器的简化版。从根本上来说，他们是用来测高程和角度的。普通水准仪和经纬仪的基本功能类似于精密水准仪和经纬仪。

### 1. 普通水准仪

普通水准仪的基本组成部分包括：一个 12in 长的望远镜；一个水平度盘，其最小分划为 1°；一个附加的游标，可以使读数精确到 5′；一个水准器；四个调节螺旋，用以整平仪器。这些基本的部件组成一个整体，安装在一个可调节的三脚架上，如图 5.1 所示。有的普通水准仪只能在水平面内旋转。它是非专业测量人员最常使用的测量仪器。

### 2. 普通经纬仪

图 5.2 所示的普通经纬仪包括普通水准仪的所有部件，但是，其望远镜可在竖直平面内和水平面内旋转。为了测量竖直面内的倾角，普通经纬仪配有竖直度盘，其最小分划通常为 1°，游标最小读数为 5′。普通经纬仪可以测量 45° 以内的仰角和俯视角，当在倾斜地形上测量时，它明显优于普通水准仪。一些经纬仪内还配有罗盘。工程师和专业测量人员所使用的测量仪器比普通测量仪器更为精密、使用功能更齐全。

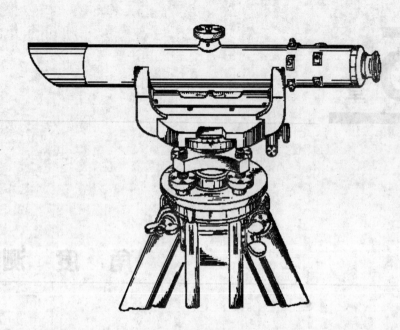

图 5.1　普通水准仪

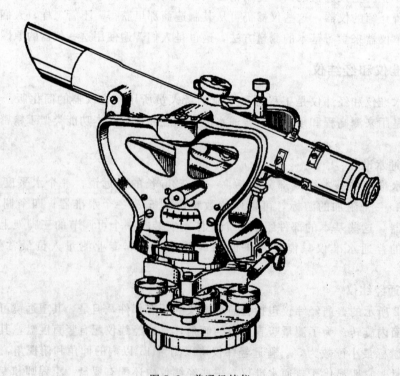

图 5.2　普通经纬仪

## 5.2 水准仪和经纬仪的基本组件

下面介绍一下水准仪、经纬仪的基本组件及其功能。

**1. 望远镜**

水准仪和经纬仪中的望远镜由一些金属管组成。在这些金属管中，有同普通望远镜一样的各种镜头。前端的镜头是物镜，后面的是目镜。在望远镜中有一个刻有十字丝的分划板，镜中的十字丝板由一螺旋装置固定于目镜上。物镜顶部用螺旋固定于仪器上，调节此螺旋就可以在物镜和十字丝之间调整镜头，这也就是所谓的内调焦。

**2. 水准器**

含有酒精的水准管紧挨在望远镜的下方，且平行于望远镜（见图 5.1）。它由一个两端封闭的玻璃管组成，管内几乎充满了不可冻结的液体。此玻璃管要么是一轻微弯曲的管子，要么是一直管，其上方内部表面是具有一定半径的圆弧。玻璃管上部刻有读数，从中心向两端读数。当玻璃管两端高低变化时，液体里的气泡将随之而改变位置。当刻度显示气泡正好位于管中央时，水准管以及望远镜处于水平位置。为了准确测量，望远镜视线和水准器必须平行。

**3. 水平度盘**

普通水准仪或经纬仪（见图 5.2）的水平度盘通常以 1°为间隔分划，每 10°沿圆弧连续标注。某些仪器同时顺时针和逆时针双向标注。一个翼形螺旋夹住望远镜以支撑住刻度圆盘，松开此螺旋，望远镜可以来回转动以便看到物体，然后旋紧此螺旋，再来回调节微调螺旋以便使镜中的物像更为清晰。

假设将仪器置于某一点上，视线瞄准目标。将水平度盘调到 0°，转动望远镜，对准第二个物体，然后读取刻度盘上的读数，此读数即为两物体间的夹角。由于水平度盘以度分划，此读数只是一近似值，更为精确的数值要从位于水平度盘旁的游标上读取。

**4. 游标**

游标是位于分划尺旁边的一短标尺，其作用是确定分划尺的小数部分。图 5.3 (a)、(b)、(c) 所示为分划尺旁边的游标。在游标上的 0 点称为零位标线，游标是读取分划尺刻度的辅助工具。

图 5.3 (a) 所示为 1in 分划尺的一部分，每一英寸细分为 10 份。在标尺下面是一个游标，长 9/10in，也分为 10 份。因此，游标的每一分划为分划尺最小分划的 9/10。在图 5.3 (a) 中，游标的零位线同分划尺的零点重合。因此，游标上的 1 个单位分划一定在标尺 1/10in 左侧 1/100in 处，2 个单位分划位于标尺 2/10in 左侧 2/100in 处，以此类推。

图 5.3 游标示意图

现在，移动游标使游标 1 分划点同标尺上 1/10in 对齐，如图 5.3（b）所示。实际上，我们把标尺向右移动了 1/100in。如果我们把游标向右移动 2/100in，游标上 2 刻度点处将与标尺 2/10in 处对齐。因此，游标是将标尺上的 1/10in 分成 100 份。

现在假如移动游标到如图 5.3（c）所示的位置，我们要想确定游标上零点在 1in 分度间的读数大小。则从图中可以看出其位于 7.3in 与 7.4in 之间。由于游标上的 6 分划处同标尺上的整数分划对齐，游标零点位于 7.3 刻度的右侧 6/100in 处，因此读数为 7.36in。

这类游标的读数规律为：记录下标尺上离游标零点的最近读数，然后观察游标上哪一分划线同标尺上的读数分划线重合，将这一读数与标尺上记录的读数相加。

**5. 角度测量中游标的使用**

游标的使用规则也适用于圆弧度盘的读数。不同测量仪器水平度盘及其游标的刻度是不同的。大多数普通水准仪最小读数为 5′，而更为精密的仪器其最小读数为 1′ 或 20″。用游标读取的最小角度称为最小读数，它也就是游标的最小分划。

图 5.4（a）为经纬仪中游标和水平度盘的一部分。游标零位线同度盘零点重合。注意游标上的每 30 个分划与度盘上的 29 个分划对齐。度盘上的最小分划为 1° 的一半，即 30′，游标上的分划线数目也为 30，因此，其最小读数为 30′ × (1/30) = 1′。图 5.4（a）中所示的游标既可从零点右移也可从零点左移，这类游标称为双向游标，当望远镜向两个方向转动时，都可以用游标读数。度盘上的刻度既有顺时针标示也有逆时针标示。在转动望远镜时，外盘静止不动，而内盘（游标）同望远镜一起转动。

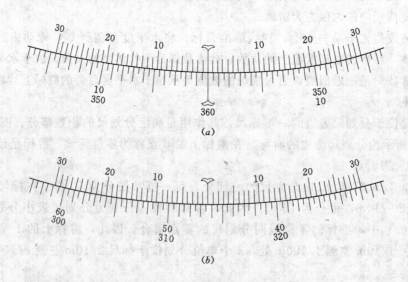

图 5.4　经纬仪游标和水平度盘读数

图 5.4（b）表示当望远镜旋转到另一位置时，圆刻度盘与游标在同一盘上。记住游标上的箭头和零位标线相对于所读角度的位置是非常重要的，因为它有两个游标，分别位于零分划线的两侧，读数时所使用的游标是沿刻度盘读数增加方向的游标。因为可能读到两个读数，要读的读数取决于望远镜的旋转方向。例如，假定从图 5.4（a）所示的位置

起，望远镜沿顺时针方向旋转，此时度盘上的读数应该是 46°加上若干分。然后，在同一个方向读取游标读数（零线左侧），我们发现游标分划线 21 与度盘上的分划线重合，因此，读数为 46°加 21′，即 46°21′。

现在假定望远镜逆时针旋转，零线刻度位于 313°30′外加若干分。在游标零点右侧读数，我们发现游标上 9′划线同度盘上分划线重合，因此读数为 313°30′加上 9′，即 313°39′。两次读数之和应等于 360°，而 46°21′＋313°39′＝360°。

图 5.5（a）是普通经纬仪中经常采用的度盘和双向游标。注意度盘只被刻划到度（60′），游标上的 12 个分格只等于度盘上的 11 个分格。这说明最小度数为 60′×（1/12），即 5′，因此，可读取的最小角度为 5′。

图 5.5（b）为当望远镜旋转到另一位置时的度盘和游标。如果望远镜顺时针旋转，零点指示读数为 66°加上若干分，在同一方向读游标（零线左侧），发现游标上分划点 4 与度盘上的分划点对齐，因此，由于其最小读数为 5′，4×5′＝20′，所以读数为 60°20′。同样的道理，如果望远镜逆时针旋转，读数应为 293°40′。

**6. 罗盘**

罗盘是精密经纬仪的一部分，有些普通经纬仪也有罗盘。罗盘上的磁针自动指向磁北极，这并不是真正的地北极，他们间的夹角称为磁偏角。某位置的磁偏角可在政府海图上找到，例如，10°W 表示指针向西偏离实际的地理北极 10°。测量和场地规划中给出的所有方位角必须与实际的地理北极相关联，因此，只要有可能，测量中的方位角都应该与已知地理北极直接联系起来。

罗盘的支轴在水平度盘的中心，分为 4 个象限，这 4 个象限的刻度线相互成 90°。

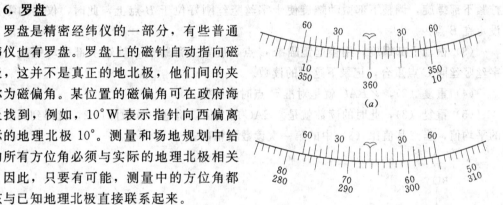

图 5.5 普通经纬仪度盘和游标读数

为定位出某点或线，必须已知象限和角度。例如，方位 N35°W 表示物体的方向为北偏西 35°（见 6.2 节）。

## 5.3 水准仪和经纬仪的使用

下面讨论水准仪和经纬仪使用中的一些实际问题。

**1. 仪器的架设**

架设仪器时，必须非常小心地将水准仪和经纬仪架设在给定点上。在仪器固定在三脚架上以后，三脚架要坚实地固定在地上，使仪器大致置于木桩上测点的正上方。调整四个倾斜螺旋使水准器显示仪器水平。悬挂在仪器上的垂球则可以显示出仪器和木桩上测点的相对位置，轻微松动倾斜螺旋，转动仪器头部使垂球直接位于测点的正上方。当这一切完成时，再一次转动倾斜螺旋，直到水准器显示仪器在所有方向上都水平为止。

**2. 测量水平角**

假定仪器已经架设在给定点上，我们准备测量出两远点和给定点连线之间的角度，此给定点就是测角的顶点。司尺员走到远处一点上，使花杆垂直立于测点的正上方。松动仪器上的翼形螺旋，旋转望远镜，使花杆和十字丝大致在同一直线上。翼形螺旋不要旋紧，旋动微调螺旋可以使花杆和十字丝完全处于同一条直线上，读取水平度盘上的角度并作记录。

然后，司尺员走到另一点处，用仪器瞄准该点，再次读取角度并记录，两次读数之差即为两点间的角度。当使用经纬仪而非水准仪时，经纬仪可直接瞄准测点之上，省去了使用花杆，同时所测结果也具有更高的精度。许多仪器在测第一点时可将第一次读数调整为0，这样可以直接获得角度值。

当使用有相关部件的测量仪器时，复测法测角将更为精确。参照图 5.6（a），假定我们要测量∠BAC，步骤如下：

（1）松开两个翼形螺旋并将仪器架设在 A 点上，同时，调整度盘和游标使其零点大致对齐。拧紧上部翼形螺旋，调整下部的微调螺旋，使游标零线和度盘的零点对齐。

（2）拧紧上部螺旋，松动下部螺旋，调整仪器望远镜使视线近似瞄准 B 点。然后，拧紧下部螺旋，调整下部微动螺旋使十字丝竖丝刚好位于 B 点上，此时，仪器的零点就设定在 B 点。

（3）松动上部螺旋，用望远镜瞄准 C 点，旋紧上部螺旋，旋动上部微动螺旋，使十字丝竖丝同 C 点重合，记录下这时的读数。

（4）重复（2），∠BAC 就是对准 B 点时的读数。

（5）重复（3），此时的读数就是∠BAC 的 2 倍，将这一读数除以 2，就得到两次读数的平均值，当然其值比（3）中的第一次读数要精确。

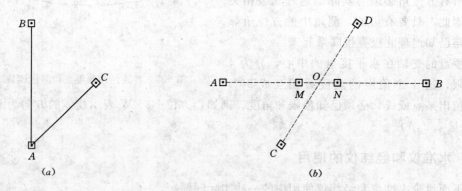

图 5.6　水平角测量

### 3. 直线定点

当直线两端点已经设定，就很容易确定直线上的其他点。架设并整平仪器于给定点上并瞄准另一点，此时望远镜的视线就位于经过直线两端点的竖直平面内。为确定此直线上的其他任意点，司尺员走到大致的点位处，然后，向右或向左移动花杆（由仪器操作员指示），直到花杆的镜像和十字丝在一条直线上，司尺员在该点的位置打一标桩。为了提高准确性，司尺员可用钉子在标桩上标记出该点，重复这样的操作，此点就与给定点完全在同一直线上。

**4. 角度测设**

假定已知一直线，要求从该直线的某点定位出给定大小的角度。首先，架设仪器使其水平位于给定点上，对准已知直线，记录水平度盘的读数，将这一读数加上（或减去，由实际情况而定）给定角度。松转仪器上的翼形螺旋，旋转望远镜直到游标上的零点位于以上角度之和（或差）的数值附近。然后，旋紧翼形螺旋，旋动微调螺旋使游标上某一分格线正好与计算结果的度盘读数分格线对齐，此时，望远镜就已经旋转到所要求的角度位置了，在这条线上打标桩，从而定位出所求角度。

角度测设的复测法见 13.1 节。

**5. 交线**

找出两条已知直线的交点是建筑放线中经常碰到的一个问题。参照图 5.6（$b$），假定 $A$、$B$、$C$、$D$ 点已知，我们想定位出直线 $AB$ 和 $CD$ 的交点。首先，安置仪器于 $A$ 点之上，瞄准 $B$ 点。望远镜的视线现位于通过 $AB$ 直线的竖直平面内，在 $AB$ 线上的 $M$、$N$ 点上打标桩，$M$、$N$ 相距数英尺，分别位于 $CD$ 线的左右两侧。通过垂球，用钉子将 $M$、$N$ 定位在标桩上，然后在 $M$、$N$ 之间拉一细绳。然后将仪器移到 $C$ 点并架设好，瞄准 $D$ 点，视线交细绳于 $O$ 点，在该点位置的地上打桩，用垂球在标桩上钉钉子，此点就为 $AB$、$CD$ 线的交点。

## 5.4 建议

在本书中详细介绍水准仪或经纬仪的架设和操作是不现实的。学习操作的最好方法就是手头有一台仪器，按照操作说明，实践各个操作步骤。以下建议可提供有益帮助。

在架设仪器时，要确保三脚架的各条腿紧紧地插入地面，这样仪器才不容易受干扰；确保望远镜十字丝的精确聚焦；确保垂球准确对准标桩的中心；在使用仪器时，要经常检查水准器以确保仪器未发生偏移；当使用双向游标时，确保在零点正确一侧读数；如果水平度盘在相反方向有两排数字，应仔细按正确方向读数；在读取图 5.4（$b$）所示角度时，不要忘记加上 $30'$，读数为 $313°+30'+9'=313°39'$，而不是 $313°9'$；一定要注意制造商关于仪器维护的说明。

# 第6章

# 测量方法和计算

本章将介绍测量过程经常碰到的一些问题。同时将阐述测量中所用到的一些计算方法及其应用。

## 6.1　测量

由于法律的原因，最初用于撰写土地契约或地产划界的测量都由注册测量师完成。建筑师和建造师在进行设计和建造工作之前，应首先要求业主提供经过鉴定的测量资料。在测量好边界线的平面图内，为了定位出建筑物、道路、小路等内容，还需要确定其他一些界线和梯度线，这一工作可以由有资质的建筑师或建造师来完成。建筑师并不需要进行初始的测量工作，然而，为了方便解释说明，且考虑到有些问题不断地在本章出现，因此对经常遇到的一些过程和计算，本书给出了完整的计算过程。在实地获得角度、长度等数据后，需要进行必要的计算。获取数据有很多方法，但这里所给出的计算方法适用于各种类型的测量。

平面测量是把地表看作一平面，尽管这在理论上并不准确，但是当测量的面积相对较小时，这一假定足以满足精度需要。

## 6.2　测量中的要素

### 1. 导线

导线是地表上一条或一系列相互连接的测线。支导线起始于一已知点，在某一远点处终止，例如公路和铁路的测量。闭合导线开始于一已知点，又返回到此已知点处，从而形成一闭合回路，这类闭合的导线应用于测量小块土地、多边形的边界。

## 2. 直线方位角

一条线的方位角为该线延伸方向同正北方向线的水平夹角。例如，我们讲某条线的方位角为 N36°E，这表示该线位于正北偏东 36°的方向上，如图 6.1 (a) 所示，这一方位也可从正南方测起，这时方位角就为 S36°W。方位角总是以北或以南为基准，角度值不超过 90°。

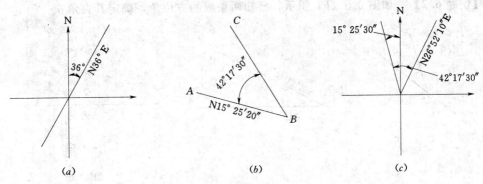

图 6.1　直线方位角

测量直线相对于正北方位角的一个实用方法就是根据已知方位角的直线来测量。这些已知方位角的直线可从公路和城市规划图中获得。如果地块边界的方位角已知，那么，图中其他直线的方位角就很容易确定。

**【例题 6.1】**　在图 6.1 (b) 中，直线 AB 的方位角为 N15°25′20″W，直线 BC 与 AB 间的夹角为 42°17′30″，如图 6.1 (b) 所示，确定 BC 的方位角。

**解：** 对这一类问题，总是以北为基准首先画出包括两条线在内的草图，如图 6.1 (c) 所示，观察草图，很明显 BC 位于北东方向，其方位角为 42°17′30″与 15°25′20″之差，即为 N26°52′10″E，这条线的方位角也可以表示为 S26°52′10″W。方位角并不总是两角之差。画出草图是很必要的，因为草图可以显示正确的计算过程。

习题 6.2. A ～ 习题 6.2. F　在图 6.2 所示的每一张图中，给出了两条线及其夹角，其中一条边的方位角已知，计算其另一条边的方位角。

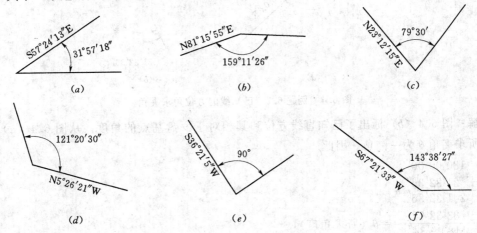

图 6.2　习题 6.2. A～习题 6.2. F

### 3. 交线

两条非平行线相交形成四个角，如图 6.3（a）所示，对角相等，∠1＝∠3，∠2＝∠4。任何相邻的角互补，也就是说，其和为 180°。

我们经常会遇到这类问题，已知两条直线，求他们之间的夹角。一般先画草图，标出所求的角。不要把要求的角同它的补角混淆。要知道所求的角是锐角还是钝角，大于还是小于 90°。

【例题 6.2】　如图 6.3（b）所示，已知两条线的方位角，确定其夹角 $\theta$。

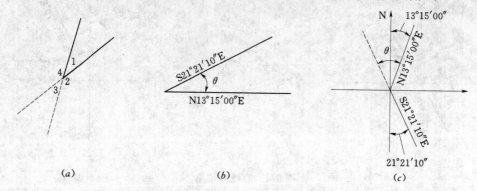

图 6.3　例题 6.2，已知线的方位角求夹角

**解：**先画出草图。以罗盘基点为基准标出其方位角，如图 6.3（c）。从图 6.3（b）看出 $\theta$ 为一锐角，因此，在图 6.3（c）中，延长方位角为 S21°21′10″E 的直线，为求得锐角，必须加上已知角度，因此

$$\begin{array}{r} 21°21'10'' \\ + 13°15'00'' \\ \hline 34°36'10''=\theta \text{（所求角度）} \end{array}$$

【例题 6.3】　如图 6.4（a）所示，已知两线的方位角，求 $\theta$。

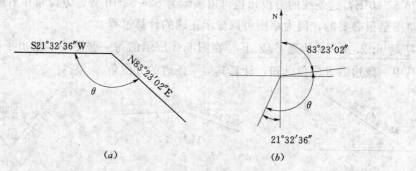

图 6.4　例题 6.3，已知线的方位角求夹角

**解：**图 6.4（b）标出了已知直线方位和其相对于罗盘基点的角度。从图 6.4（a）看出，所求夹角 $\theta$ 为一钝角。因此

$$\begin{array}{r} 180°00'00'' \\ + \ 21°32'36'' \\ \hline 201°32'36'' \\ - \ 83°32'02'' \\ \hline 118°09'34''=\theta \text{（所求角度）} \end{array}$$

习题 6.2.G～习题 6.2.L 在图 6.5 的每一幅图中，给出了两条相交直线的方位角，对每一对相交直线，以度、分、秒来表示所求的夹角。

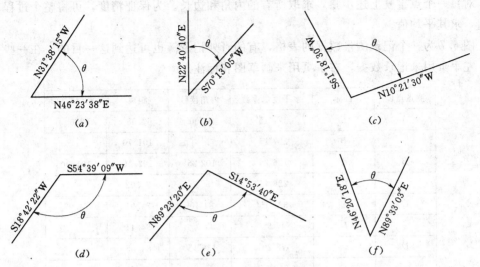

图 6.5 习题 6.2.G～习题 6.2.L

## 6.3 开始测量

在场地测量中，必须首先确定角点的位置并进行标注。如果有可能，仪器应该直接架设在这些点上，下面的例子都是这样假定的。这里所介绍的测量方法仅仅是几种方法中的一种。当采用普通水准仪和经纬仪测量时，这些方法非常实用。假定需要测量的场地的角点如图 6.6（a）所示。我们按下面的顺序：A、B、C、D、E 将仪器从一个点移动到另一个点。所测的角都为内角，读数时仪器总是向右旋转（顺时针方向），城市测量人员已经提供了 AB 线的方位角，其值为 N75°20′E。测量时，应采取如下步骤：

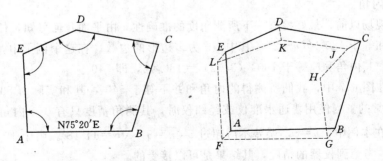

图 6.6 场地角点测量示意图

(1) 将仪器置于其中任一点上，如 A 点，瞄准 E 点。

(2) 记录下水平度盘上的读数。

(3) 顺时针旋转仪器，瞄准 B 点。

(4) 读数，两次读数之差便是 ∠A 的读数。

(5) 测量 AE 间的距离，为了获得较高的精度，应测两次。首先从 A 到 E，然后从 E

到 $A$。如果两次所测的值只有轻微的差别，则其平均值即为 $AE$ 间的距离。

（6）现在将仪器移动到 $B$ 点，瞄准 $A$、$C$ 点，重复上述操作。

对每一个点重复上述步骤，求取所有的内角和边长。为保证精度，可将整个过程重复一遍，求其平均值。

图 6.7 为一个记录测量数据的表格，有的野外记录簿也可达到这一目的。在一些手簿中，左手页用来记录数据，右手页用来画草图和标注。

| 测点点位 | 目标 | 水平度盘读数 | 内角读数 | 距离 | 平均距离 |
|---|---|---|---|---|---|
| $A$ | $E$ | 177°15′ | 90°00′ | 62.58′ | 62.60′ |
| | $B$ | 267°15′ | 30′ | 101.70 | |
| $B$ | $A$ | 126°20′ | 102°25′ | 102.10 | 101.90 |
| | $C$ | 228°45′ | | 75.03 | |
| $C$ | $B$ | 321°15′ | 84°40′ | 74.91 | 74.97 |
| | $D$ | 47°55′ | 20′ | 84.41 | |
| $D$ | $C$ | 72°20′ | 136°15′ | 84.55 | 84.48 |
| | $E$ | 208°35′ | | 42.70 | |
| $E$ | $D$ | 102°00′ | 124°30′ | 42.68 | 42.69 |
| | $A$ | 226°30′ | | 62.62 | |

内角和＝539°50′

$n=5$，$180°(n-2)=540°$

图 6.7  测量记录表

图 6.7 的测量数据是由具有水平度盘的仪器所测得，其刻度从 $0°\sim360°$，也有的仪器以 $90°$ 的象限来标注刻度读数，此时水平圆盘设置在 0 处，这样就必采用后视读数减去前视读数获得所测角度的大小。

**1. 检查内角**

在离开现场以前，最好检查一下所测角度的准确性。由平面几何可知，任何闭合的多边形其内角和等于 $180°\times(n-2)$，其中，$n$ 为多边形的边数。在这个例子中，多边形有 5 个边，因此，其内角和应等于 $180\times(5-2)＝180\times3$，即 $540°$。

注意，在图 6.7 中，我们所测得的内角和并不等于 $540°$，其和实际为 $539°50′$，相差 $10′$，这是正常的。当使用普通水准仪或经纬仪时，其测角精度只有 $5′$，内角总误差不应超过 $5′\sqrt{n}$。在本例中，$n=5$，误差不应超过 $5′\sqrt{n}＝5′\times\sqrt{5}＝11°18′$。由于 $10′$ 的误差在允许范围以内，考虑到仪器的精度，其结果是可以接受的。

**2. 内角平差**

6.3 节所解释的 $10′$ 误差必须在 5 个内角之间进行分配。在内角间平分 $10′$，即给每一个角加上 $2′$，这样处理似乎是合乎逻辑的，但实际上这将会产生 $86°42′$ 的角度，这意味着测量的仪器精度是 $0.1′$，显然，这是不对的。因此，我们可以通过给 $B$、$D$ 处的每一个角加上 $5′$ 来校正，如图 6.7 所示，这两个角是任选的。通常认为，最短边所对的角产生的误差最大。如果现场条件表明误差产生在其他角上，就应该对这些点进行校正。

### 3. 仪器的可选位置

当场地有障碍物存在而无法将仪器直接放在场地角点上时，可在图 6.6（b）所示的 F、G、H、J、K 和 L 点处打设标桩，选择这些点时应使它们之间以及与场地角点相互通视。这些点组成了闭合导线，直线 FA、GB、JC 等离角点比较近。测量这些导线和角就可以相应的确定 A、B、C、D、E 点的位置（见 6.4 节）及场地的边界。

## 6.4 测量中的计算

第 5 章介绍了场地测量时角度和长度的确定方法。这些数据都可以在现场获得，下一步的工作就是绘制测量成果图并计算场地面积，这些工作一般在办公室完成。

### 1. 绘制测量成果图

图 6.7 是从现场测得的数据，可按比例绘出草图。如图 6.8 所示，图上标出了内角、长度和所有直线的方位角。方位角的计算如 6.2 节所述。从城市测量员那里我们可以知道 AB 线的方位角为 N75°20′E。AB 和 BC 夹角为 102°30′，因此，BC 的方位角为 S2°10′E。其他线的方位角以次类推。在绘角度时可能会用到量角器，而更为精确的方法见 6.5 节。注意图 6.8，一般所有的直线都是以正北向为竖轴按比例绘制，这样可以简化计算。

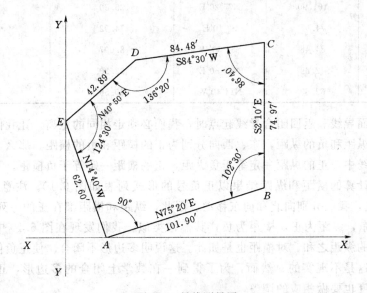

图 6.8　导线测量图

### 2. 纵距和横距

纵距是线段在南北方向上的投影长度，横距是其在东西方向上的投影长度。他们分别是图 6.9 所示的水平和竖直坐标，在该图中，AB 为已知直线段，其方位角为 θ，注意 B 点处的角也为 θ，AB 线段长为 97.23′。在直角三角形中，有下列关系：

$$横距 = 长度 \times \sin（方位角）$$

$$纵距 = 长度 \times \cos（方位角）$$

通过绘制草图，我们发现无论直线位于哪一象限，上述关系都成立。

对图 6.8 中的 AB 线，有

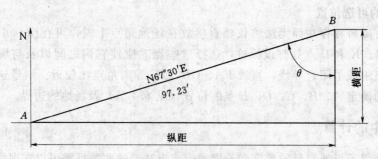

图 6.9 纵距和横距

$$横距 = 97.23 \times \sin67°30' = 89.83'$$
$$纵距 = 97.23 \times \cos67°30' = 37.21'$$

图 6.8 中所有线段的横距和纵距计算结果列于表 6.1。计算出结果后，可在图 6.8 中按比例画出相应的距离检查其正确性，这样可消除计算中大的错误。

表 6.1             图 6.8 中线段横距和纵距计算表

| 线段 | 长度 | 方位角 | 纵距 $L\cos\theta$（ft） | 横距 $L\sin\theta$（ft） |
|------|------|--------|--------|--------|
| AB | 101.90 | N75°20′E | 25.80 | 98.58 |
| BC | 74.97 | S2°10′E | 74.92 | 2.834 |
| CD | 84.48 | S84°30′W | 8.097 | 84.09 |
| DE | 42.69 | N40°50′E | 32.30 | 27.91 |
| EA | 62.60 | N14°40′W | 60.56 | 15.85 |

在测量平面导线和返回闭合导线起点时，我们必须走相同的距离。让我们把南、北向分别作为正的纵距和负的纵距，东、西向分别为正的横距和负的横距。那么，在任何闭合的多边形和导线中，正的纵距一定等于负纵距，正的横距一定等于负横距。

表 6.1 所计算的横距和纵距结果以正负号的形式列表如图 6.10。注意在图 6.8 中，从 A 点到 B 点，我们分别向北和向东移动。因此，纵距和横距都在正的一列中。从 B 到 C 是向北和向东，纵距为正，横距为负，其他也类似。我们发现在图 6.10 中，正的纵距之和不等于负的纵距之和，对横距也是如此。这说明多边形不闭合。使正负值在任何测量中都能平衡，这是不现实的。然而，为了得到一在数学上闭合的多边形，正负值必须平衡，线段的长度也要做相应的调整。

**3. 闭合差**

如果我们以较大比例精确画出图 6.8 中的导线，从 A 点开始，沿逆时针方向绘制其他直线，我们会发现最后一条直线的终点将无法和起点 A 重合，如图 6.11 所示。A′ 和 A 之间的距离，即多边形不能闭合的线段长度，称为闭合差，由于图 6.10 中所示的纵距、横距正负值之间的差值分别为 0.24 和 0.40。闭合差是由 0.24 和 0.40 为直角边的三角形斜边，如图 6.11 所示，所以

$$斜边 = \sqrt{0.24^2 + 0.40^2} = \sqrt{0.2176} = 0.47'，闭合差$$

**4. 精度**

有些闭合差是允许的，但其前提条件是计算过程中没有出现错误。较大的误差说明测

量中出现了错误。闭合差取决于直线的长度和所用仪器的精度。

| 线段 | 纵 距 | | 横 距 | | 纵距校正值 | 横距校正值 |
|---|---|---|---|---|---|---|
| | ＋ | － | ＋ | － | | |
| AB | 25.80 | | 98.58 | | 25.83 | 98.75 |
| BC | 74.92 | | | 2.83 | 75.01 | 2.83 |
| CD | | 8.10 | | 84.09 | 8.09 | 83.94 |
| DE | | 32.30 | | 27.91 | 32.26 | 27.86 |
| EA | | 60.56 | 15.85 | | 60.49 | 15.88 |

$$\begin{array}{cccc} 100.72 & 100.96 & 114.43 & 114.83 \\ & 100.72 & & 114.43 \\ & 0.24 & & 0.40 \end{array}$$

闭合差 $=\sqrt{(0.24)^2+(0.40)^2}=0.47$　　精度 $=\dfrac{0.47}{366.64}=\dfrac{1}{780}$

| | 修正值 | |
|---|---|---|
| | 纵距 | 横距 |
| AB | 0.03 | 0.17 |
| BC | 0.09 | 0.00 |
| CD | 0.01 | 0.15 |
| DE | 0.04 | 0.05 |
| EA | 0.07 | 0.03 |
| | 0.24 | 0.40 |

图 6.10　角点坐标计算

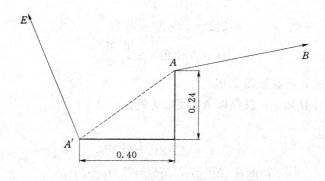

图 6.11　闭合差

测量的精度等于闭合差除以所测线段长度之和，可以表示为分子为 1 的分数。在本例中

$$精度 = 0.47/366.64 = 1/780$$

用普通水准仪和经纬仪测量，若仪器最小读数为 $0.5'$，则其测量精度大约为 1/500。在本例中，测量精度是较高的，说明测量结果可接受。1/500 的精度一般适合于农场测量，对于场地内的建筑、道路等的精度也是足够准确的。在城市测量中，要求有更高的精度，经常采用 1/10000、1/20000 的精度。

**5. 纵距和横距的校正**

因为纵、横距必须闭合，因此必须对其进行校正。纵、横距的校正是在所测的所有边中进行适当地分配。每一边的纵距的校正值为

$$\frac{纵距总误差×边的纵距}{所有边的纵距之和}$$

因此，AB 线段的纵距的校正值为

$$\frac{0.24×25.80}{201.86}=0.0307，即\ 0.03'$$

校正值只需精确到 1ft 的 1/100。

横距以同样的方法进行校正。每个线段横距的校正值为

$$\frac{横距总误差×边的横距}{所有边的横距之和}$$

同样，AB 线段的横距校正值为

$$\frac{0.40×98.58}{229.26}=0.173，即\ 0.17'$$

所有边的纵横距校正值都可以用同样的方法进行校正。

**6. 纵横距平差**

计算出校正值以后，必须把校正值赋给纵距和横距，如图 6.10 所示。在校正数据时，负号一列数据应减去校正值，正号一列数据应加上校正值。计算结果如图 6.10 最后两列所示。通过验算，发现正负值已经相互平衡。

**7. 长度和方位角的校正**

纵横距的改变势必引起边长和方位角的改变。用下面两个等式可以计算出调整后的长度和方位角。

$$长度=\sqrt{纵距^2+横距^2}$$

$$\tan（方位角）=\frac{横距}{纵距}$$

为证明这些关系，可参照图 6.9。

修正后的长度计算如下，仅仅以 AB 线段为例。

AB 线段：

$$长度=\sqrt{纵距^2+横距^2}$$

$$长度=\sqrt{25.83^2+98.75^2}=102.07ft$$

$$\tan（方位角）=\frac{横距}{纵距}=\frac{98.75}{25.83}$$

$$方位角=N75°20'E$$

线段 BC、CD、DE、EA 的计算与此类似，其方位角分别为 S2°10'E、S84°30'W、N40°50'W 和 N14°40'W。

校正值的边长如图 6.18 所示。注意在上述的计算中，方位角的变化幅度总是 5' 左右，可以认为其值不变，这主要是由于闭合差限制在允许的范围以内。以上计算中，我们是按逆时针方向绕导线一周计算的，因为测量方案就是按此方向进行测量的。也可按顺时针方

向进行，结果应该是一致的。

**8. 坐标测量**

如果要确定场地中的某一条线或一个点，或者要计算场地的面积，必须知道其所有角点的 $X$、$Y$ 坐标。

参照图 6.12，$A$ 点的 $X$ 坐标为其距 $Y$ 轴的距离，表示为 $X_A$，称为横坐标。同样，$A$ 点的 $Y$ 坐标为 $Y_A$，称为纵坐标。

所测角点的 $X$、$Y$ 坐标如表 6.2 所示。参照图 6.8，$A$ 点的 $X$ 坐标等于 $EA$ 段的横距。$B$ 点的 $X$ 坐标等于 $EA$ 线的横距加上 $AB$ 线的横距，等等。应该注意到，图中的 $X$-$X$ 轴、$Y$-$Y$ 轴为测量场地周围最西端和最南端的任选直线。

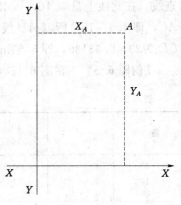

图 6.12 坐标测量

**表 6.2**　　　　　　　　　　　**图 6.8 中角点的 $X$、$Y$ 坐标**

| 点 | $X$ 坐标 | $Y$ 坐标 |
|---|---|---|
| $A$ | 15.88 | 0 |
| $B$ | + 98.73<br>114.63 | 25.83<br>25.83 |
| $C$ | − 2.83<br>111.80 | + 75.01<br>100.84 |
| $D$ | − 83.94<br>27.86 | − 8.09<br>92.75 |
| $E$ | − 27.86<br>0 | − 32.26<br>60.49 |

## 6.5　测量绘图

在场地边界、交线的夹角已经测得后，就可以把这些数据绘制在绘图板上。可用以下几种方法来完成这一工作：

（1）量角器。在此方法中，根据刻在量角器上的刻度线画出边界交线的夹角，线段长按比例画在对应的边上。如果所要求的精度较高，该方法就不合适。可调三角尺有时也可以用来画角，但是其精度也比较低。游标量角器比普通量角器的精度要高一些。

（2）画坐标。当测点的 $X$、$Y$ 坐标计算出来以后，可按所要求的比例精确绘出它们并确定各边线。为了保证其准确性，必须采用直角三角尺。

（3）切线法。切线法绘图的精度比较高，使用方法也比较简单。其主要是应用一个基本刻度为 1in，最小刻度为 0.1in 的刻度尺（工程比例尺）及一个自然正切表。表 6.3 为 45°以内角的正切表。

下面的例子就采用了表 6.3 的值。实际上，采用带有三角函数功能的计算器更能简化计算过程，此时角度必须以小数形式输入（23.33°而非 23°20′）。因此，必须对表 6.3 的值做相应的转换。

**【例题 6.4】**　图 6.13（$a$）中的线 $AB$ 为水平线，要求画大小为 23°20′的 $\angle BAD$。

**解:** 参照表 6.3,23°20′的正切值为 0.431。先画 $AC$ 线,长为 10in,在 $C$ 点处画一竖直线,在此线上量取 $10×0.431$,即 4.31in 的距离,定为 $D$ 点。由于 $\tan\angle DAC=DC/AC$,即 4.31/10,所以 $AD$ 线与 $AB$ 线的夹角为 23°20′。为了更加精确,$AC$ 可取 20in,$CD$ 为 $20×0.43136$,即 8.63in。

**【例题 6.5】**　在图 6.13 ($b$) 中,线 $AB$ 水平。画角度大小为 83°35′的 $\angle BAD$。

表 6.3　　　　　　　　　　　　自 然 正 切 表

| 角　度 | 0° | 10′<br>0.1667° | 20′<br>0.3333° | 30′<br>0.5° | 40′<br>0.6667° | 50′<br>0.8333° | 60′ |
|---|---|---|---|---|---|---|---|
| 0° | 0.00000 | 0.00291 | 0.00582 | 0.00873 | 0.01164 | 0.01455 | 0.01746 |
| 1° | 0.01746 | 0.02036 | 0.02328 | 0.02619 | 0.02910 | 0.03201 | 0.03492 |
| 2° | 0.03492 | 0.03783 | 0.04075 | 0.04366 | 0.04658 | 0.04949 | 0.05241 |
| 3° | 0.05241 | 0.05533 | 0.05924 | 0.06116 | 0.06408 | 0.06700 | 0.06993 |
| 4° | 0.06993 | 0.07285 | 0.07578 | 0.07870 | 0.08163 | 0.08456 | 0.08749 |
| 5° | 0.08749 | 0.09042 | 0.09335 | 0.09629 | 0.09923 | 0.10216 | 0.10510 |
| 6° | 0.10510 | 0.10805 | 0.11099 | 0.11394 | 0.11688 | 0.11983 | 0.12278 |
| 7° | 0.12278 | 0.12574 | 0.12869 | 0.13165 | 0.13461 | 0.13758 | 0.14054 |
| 8° | 0.14054 | 0.14351 | 0.14648 | 0.14945 | 0.15243 | 0.15540 | 0.15838 |
| 9° | 0.15838 | 0.16137 | 0.16425 | 0.16743 | 0.17033 | 0.17333 | 0.17633 |
| 10° | 0.17633 | 0.17933 | 0.18233 | 0.18534 | 0.18835 | 0.19136 | 0.19438 |
| 11° | 0.19438 | 0.19740 | 0.20042 | 0.20345 | 0.20648 | 0.20952 | 0.21256 |
| 12° | 0.21256 | 0.21560 | 0.21864 | 0.22169 | 0.22475 | 0.22781 | 0.23087 |
| 13° | 0.23087 | 0.23393 | 0.23700 | 0.24008 | 0.24316 | 0.24624 | 0.24933 |
| 14° | 0.24933 | 0.25242 | 0.25552 | 0.25862 | 0.26172 | 0.26483 | 0.26795 |
| 15° | 0.26795 | 0.27107 | 0.27419 | 0.27732 | 0.28046 | 0.28360 | 0.28675 |
| 16° | 0.28675 | 0.28990 | 0.29305 | 0.29621 | 0.29938 | 0.20255 | 0.30573 |
| 17° | 0.30573 | 0.30891 | 0.31210 | 0.31530 | 0.31850 | 0.32171 | 0.32492 |
| 18° | 0.32492 | 0.32814 | 0.33136 | 0.33460 | 0.33783 | 0.34108 | 0.34433 |
| 19° | 0.34433 | 0.34758 | 0.35085 | 0.35421 | 0.35740 | 0.36068 | 0.36397 |
| 20° | 0.36397 | 0.36727 | 0.37057 | 0.37388 | 0.37720 | 0.38053 | 0.38386 |
| 21° | 0.38386 | 0.38721 | 0.39055 | 0.39391 | 0.39727 | 0.30065 | 0.40403 |
| 22° | 0.40403 | 0.40741 | 0.41081 | 0.41421 | 0.41763 | 0.42105 | 0.42447 |
| 23° | 0.42447 | 0.42791 | 0.43136 | 0.43481 | 0.43828 | 0.44175 | 0.44523 |
| 24° | 0.44523 | 0.44872 | 0.45222 | 0.45573 | 0.45924 | 0.46277 | 0.46631 |
| 25° | 0.46631 | 0.46985 | 0.47341 | 0.47698 | 0.48055 | 0.48414 | 0.48776 |
| 26° | 0.48773 | 0.49134 | 0.49495 | 0.49858 | 0.50222 | 0.50587 | 0.50953 |
| 27° | 0.50953 | 0.51320 | 0.51688 | 0.52057 | 0.52427 | 0.52798 | 0.53171 |
| 28° | 0.53171 | 0.53545 | 0.53920 | 0.54296 | 0.54673 | 0.55051 | 0.55431 |
| 29° | 0.55431 | 0.55812 | 0.56194 | 0.56577 | 0.56962 | 0.57348 | 0.57735 |
| 30° | 0.57735 | 0.58124 | 0.58513 | 0.58905 | 0.59297 | 0.59691 | 0.60086 |
| 31° | 0.60086 | 0.60483 | 0.60881 | 0.61280 | 0.61681 | 0.62083 | 0.62487 |
| 32° | 0.62487 | 0.62892 | 0.63299 | 0.63707 | 0.64117 | 0.64528 | 0.64941 |
| 33° | 0.64941 | 0.65355 | 0.65771 | 0.66189 | 0.66608 | 0.67028 | 0.67451 |
| 34° | 0.67451 | 0.67875 | 0.68301 | 0.68728 | 0.69157 | 0.69588 | 0.70021 |

| 角 度 | 0° | 10'<br>0.1667° | 20'<br>0.3333° | 30'<br>0.5° | 40'<br>0.6667° | 50'<br>0.8333° | 60' |
|---|---|---|---|---|---|---|---|
| 35° | 0.70021 | 0.70455 | 0.70891 | 0.71329 | 0.71769 | 0.72211 | 0.72654 |
| 36° | 0.72654 | 0.73100 | 0.73547 | 0.73996 | 0.74447 | 0.74900 | 0.75355 |
| 37° | 0.75355 | 0.75812 | 0.76272 | 0.76733 | 0.77196 | 0.77661 | 0.78129 |
| 38° | 0.78129 | 0.78598 | 0.79070 | 0.79544 | 0.80020 | 0.80498 | 0.80978 |
| 38° | 0.80978 | 0.81461 | 0.81946 | 0.82434 | 0.82923 | 0.83415 | 0.83910 |
| 40° | 0.83910 | 0.84407 | 0.84906 | 0.885608 | 0.85912 | 0.86419 | 0.86929 |
| 41° | 0.86929 | 0.87441 | 0.87955 | 0.88473 | 0.88992 | 0.89515 | 0.90040 |
| 42° | 0.90040 | 0.90569 | 0.91099 | 0.91633 | 0.92170 | 0.92709 | 0.93252 |
| 43° | 0.93252 | 0.96797 | 0.94345 | 0.94896 | 0.95451 | 0.96008 | 0.9656 |
| 44° | 0.96569 | 0.97133 | 0.97700 | 0.98270 | 0.98843 | 0.99420 | 0.10000 |

　　**解：** 从自然正切表我们知道 83°35′ 的正切值为 8.8934。根据上例的计算过程，垂直线的长度为 10×8.8934，即 88.934in。很明显，对于绘图板来说，这一长度太大。因此，当所要画的角度超过 45°时，可绘制其余角。83°35′ 的余角 = 90°0′ - 83°35′，即 6°25′，查表知 6.3 可知，6°25′ 的正切值近似为 0.112。现在，在图 6.13（b）中，画一长为 10in 且垂直于 AB 的直线 AC，以 C 点为起点，画水平线 CD，长 1.12in。因为 ∠CAD 为 6°25′，所以 ∠BAD 为 83°35′。

　　利用正切法画出场地的角点以后，可通过测量角点的坐标来检查测量过程中是否有大的误差。

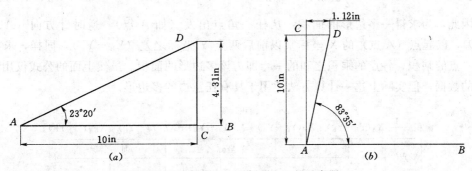

图 6.13　例题 6.4 和例题 6.5 的示意图

## 6.6　土地契约说明

　　人们经常需要根据土地契约说明文字来绘制场地图。所有的土地契约都存放在县土地契约记录员的办公室或市政府的有关部门。每一土地契约中都有相应地块的说明。下面是本书图 6.18 中所举例题的土地契约说明文件。

　　本地块及地块内的建筑物和其他设施位于宾夕法尼亚州巴克斯县（Bucks）的纽维尔（Newville），该地块东北角始于主干道（80ft 宽）与 Chestnut 街（50ft 宽）交汇处，沿着 Chestnut 街，N14°40′W 方向延伸 62.54ft 到一地块（属于 William. A. Weaver）的西南角；然后，在此转弯，沿着该地块 N40°50′E 方向延伸至 42.63ft 到 Weaver 地块南部边界线；在此转弯，沿着 Weaver 地块 S84°30′W 方向延伸 84.33ft 至 Robert B. Rogers 地块西部边界上的一点；然后，在此改变方向沿着该 Rogers 地块 S2°10′E 方向延伸至 75.07ft 处，此点就位于前面提到的主干道的北面；再变向沿着主干道的北面 N75°20′E 方向延伸至 102.07ft 处，此点就是前面的所说的开始点。

## 6.7  面积计算

测量中，经常需要计算地块的面积。计算面积的方法有多种，其中一种方法叫做坐标法。要应用该方法求得闭合导线的面积，必须确定地块各角点的坐标。这一过程在 6.4 节中已作介绍，例题中角点的坐标如表 6.3 所示。

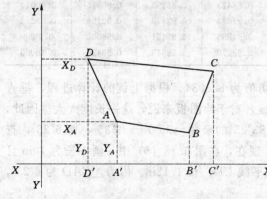

图 6.14  面积计算示意图

图 6.14 是一个四边形 ABCD。已知 A、D 点的 X、Y 坐标，B、C 点的坐标没有说明。通过观察图形，我们发现 ABCD 的面积可通过先计算梯形 DD′C′C 的面积，然后减去梯形 DD′A′A、AA′B′B 和 BB′C′C 的面积之和而得到。一个梯形的面积等于平行两边之和乘以他们垂直距离的一半。通过此计算公式，可推导出四边形 ABCD 面积的公式。公式的简化形式如下：

$$四边形\ ABCD\ 的面积 = \frac{1}{2}[X_A(Y_B-Y_D)+X_B(Y_C-Y_A)+X_C(Y_D-Y_B)+X_D(Y_A-Y_C)]$$

因此，为求得一多边形的面积，从任一角点出发（如 A 点），逆时针方向（A、B、C、D），以起点（A 点）的 X 坐标乘以前后两点 Y 坐标之差（$Y_B-Y_D$），同样，求得其他每一点的乘积，各点的乘积之和的一半即为该多边形的面积。虽然上面的公式仅用到四边形的数据，但实际上这一计算方法适用于具有任意边的多边形。

面积计算

$$面积 = \frac{1}{2}[X_A(Y_B-Y_E)+X_B(Y_C-Y_A)+X_C(Y_D-Y_B)+X_D(Y_E-Y_C)+X_E(Y_A-Y_D)]$$

| 点 | 坐标 | | Y 坐标之差 | | 面积 | |
|---|---|---|---|---|---|---|
| | X | Y | 点 | 差 值 | + | − |
| A | 15.88 | 0 | B−E | −34.66 | | 550 |
| B | 114.63 | 25.83 | C−A | +100.84 | 11559 | |
| C | 111.80 | 100.84 | D−B | +66.92 | 7482 | |
| D | 27.86 | 92.75 | E−C | −40.35 | | 1124 |
| E | 0 | 60.49 | A−D | −92.75 | 0 | |

+19041  −1674
−1674
2 | 17367
43560 | 8683.5ft²
0.1993acre

图 6.15  面积计算图表

例题中图 6.18 所示的地块有 5 个角点（五边形）。因此，在上面的公式中，必须用到点 $A$、$B$、$C$、$D$、$E$ 的坐标。这些值在图 6.15 以表格形式表示。上述公式很容易用如图所示的表格形式计算。位于表格右边最后两列带正负号的面积为 $Y$ 坐标差值与 $X$ 坐标值的乘积（如公式中所表示）。例如，最后一列中的 $-550$ 是 $X_A (Y_B - Y_E)$，即 $15.88 \times (-34.66)$ 的乘积。表格计算表明多边形 $ABCDE$ 的面积为 $8683 \text{ft}^2$，或 $0.1993 \text{acre}$。

用这种方法计算面积的另一个例子见 8.5 节。

**不规则边界的面积**

当有一条和几条边界线为不规则线时，为计算地块面积，首先在尽可能接近不规则边界处画一辅助直线，并测出此线与不规则边界线之间的偏差距离，为简化计算，应测出此辅助直线等分点处的偏差距离。图 6.16 ($a$) 为一具有三条直线边界，一条不规则边界的地块。四边形 $ABCD$ 的面积可由前面的计算方法求得，将这个面积加上不规则区域 $EGKH$ 和两个三角形 $\triangle DEH$ 和 $\triangle GCK$ 的面积就得出所求地块面积，$EGKH$ 的面积可由一系列梯形面积之和求得。

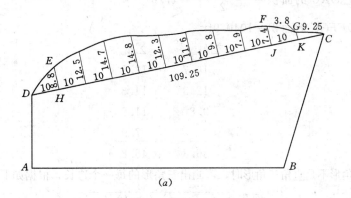

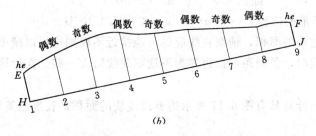

图 6.16  不规则边界的面积计算

求不规则区域面积的较为精确的方法是应用辛普森三分之一方法，此方法假定边界曲线为抛物线。依据这一方法，有

$$面积 = \frac{d}{3} (h_e + 2\sum h_{odd} + 4\sum h_{even} + h_e')$$

式中　$d$——测点间的长度，它对所有的分条来说相等；

　　　$h_e$——第一条分条的长度（见图 6.16）；

　$2\sum h_{odd}$——2×所有奇数分条的长度之和；

　$4\sum h_{even}$——4×所有偶数分条的长度之和；

　　　$h_e'$——最后一分条的长度 [见图 6.16 ($b$)]。

该公式只能用在分条数为偶数时，当分条数为奇数时，最后一块分条应按梯形单独计算其面积。如下例所述。

**【例题 6.6】**　计算地块 $DEFGC$ 中不规则部分的面积，如图 6.16（$a$）所示，所有长度以英尺为单位。

**解：**采用辛普森方法，注意偶数分条数仅仅指 EFJH 区域，如 6.16（$b$）中所示，同时也可以看出奇偶条数及 $h_e$ 和 $h_e'$。那么

$$EFJH \text{ 的面积}=\frac{10}{3}(8.8+2\times36.8+4\times46.8+7.4)=923.3\text{ft}^2$$

$$梯形\ FGKJ\ \text{的面积}=\frac{7.4+3.8}{2}\times10=56.0$$

$$\triangle DEH\ \text{的面积}=\frac{10\times8.8}{2}=44.0$$

$$\triangle GKC\ \text{的面积}=\frac{9.25\times3.8}{2}=17.6$$

$$DEFGC\ \text{的面积}=1040.9\text{ft}^2$$

| $\sum h_{odd}$ | $\sum h_{even}$ |
|---|---|
| 14.7 | 12.5 |
| 12.3 | 14.8 |
| 9.8 | 11.6 |
|  | 7.9 |
| 36.8 | 46.8 |

当图中三角形不是直角三角形时，可测出三角形的每一个边长，根据如下的公式求其面积：

$$面积=\sqrt{s(s-a)(s-b)(s-c)}$$

其中 $a$、$b$、$c$ 为三角形的边长，$s=(a+b+c)/2$，见 2.10 节。

为计算不规则地块的面积，辅助直线应尽可能接近不规则边界以减小分条长度。当边界为比较平滑的曲线时，条间距可比边界为不规则曲线时大一些。在计算面积时，条间距越小，精度越高。

习题 6.7.A　计算具有图 6.17 所示边界线地块的面积，长度以英尺为单位。

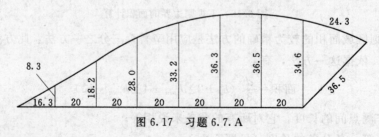

图 6.17　习题 6.7.A

## 6.8　其他测量问题

当拟建建筑物的外形尺寸确定以后，建筑师们就要确定从地块边界线到建筑物、道路角点的距离。如果地块边界线的夹角不是直角，最好采用坐标法定位出建筑物的角点。按

比例精确绘制会有很大的帮助。测量员提供的平面图只标出了边界线的长度和各角度,角点坐标很少给出,应该将这些角点坐标计算出来以备后面的计算采用。例题中平面图角点坐标的计算如表 6.2 和图 6.15 所示。

**1. 计算建筑物角点坐标**

图 6.18 表示了所绘地块与临近街道的关系。规划中拟建建筑物为矩形 $FGHJ$,长和宽分别为 62ft5in 和 28ft3.5in。分区规划要求建筑物与街道 $AB$ 的距离不小于 14ft,与 $BC$ 线的距离不小于 14ft。建筑师决定使建筑物较长的轴线平行于北边界线 $CD$。

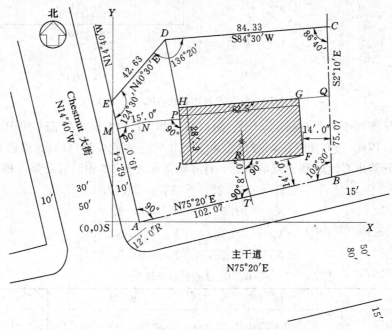

图 6.18 规划场地平面图

建筑物角点 $F$ 与边界线 $AB$、$BC$ 关系如图 6.19 ($a$) 所示,形成两个相等的直角三角形 $FLB$ 和 $FKB$。因为 $\angle FBK$ 和 $\angle FBL$ 都等于 $102°30'/2$,即 $51°15'$,$\angle BFK$ 和 $\angle BFL$ 等于 $180° - (90° + 51°15')$,即 $38°45'$,那么

$$LB = KB = 14 \times \tan 38°45' = 11.24'$$

$KB$ 和 $LB$ 的方位角分别为 N75°20′E 和 S2°10′E,由于 $\angle FKB$ 和 $\angle FLB$ 都等于 $90°0'$,故 $FK$ 和 $FL$ 的方位角分别为 N14°40′W 和 N87°50′E。已知 $B$ 点的坐标为 $X_B = 114.63$,$Y_B = 25.83$(见图 6.15),因此,现在可用 6.4 节介绍的方法计算出 $F$ 点的坐标。这些计算如表 6.4 所示,由表可知 $X_F = 100.22$,$Y_F = 36.53$。

**表 6.4**                     **F 点 坐 标 计 算**

| X 坐标 | 横 距 | 纵 距 | Y 坐标 |
|---|---|---|---|
| $X_B = 114.63$<br>$\underline{\quad -10.87\quad}$<br>$X_K = 103.76$ | 11.24 (sin75.33°) = 10.87 | 11.24 (cos75.33°) = 2.845 | $Y_B = 25.83$<br>$\underline{\quad -2.84\quad}$<br>$Y_K = 22.99$ |
| $\underline{\quad -3.54\quad}$<br>$X_F = 100.22$ | 14 (sin14.67°) = 3.54 | 14 (cos14.67°) = 13.54 | $\underline{\quad +13.54\quad}$<br>$Y_F = 36.53$ |

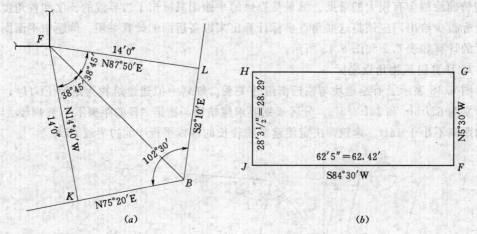

图 6.19 角点 F 与边界线 AB、BC 关系

由于 GH 平行于 CD（见图 6.18），所以 GH 和 FT 的方位角为 S84°30′W。同时，建筑物为矩形，因此，JH 和 FG 的方位角为 N5°30′W [见图 6.19（b）]。由已知 F 点的坐标，就可以计算出 G、H 和 J 点的坐标，计算结果见表 6.5。由计算结果可得出：

$$X_F = 100.22, \qquad Y_F = 36.53$$
$$X_G = 97.51, \qquad Y_G = 64.69$$
$$X_H = 35.38, \qquad Y_H = 58.71$$
$$X_J = 38.09, \qquad Y_J = 30.55$$

表 6.5             **G、H、J 点坐标计算**

| X 坐标 | 横 距 | 纵 距 | Y 坐标 |
|---|---|---|---|
| $X_F = 100.22$ <br> $\underline{-62.13}$ <br> $X_J = 38.09$ | （线段 FJ 和 GH） <br> 63.42（sin84.5°）＝62.13 | 62.42（cos84.5°）＝5.98 | $Y_F = 36.53$ |
| $\underline{-2.71}$ <br> $X_H = 35.38$ | （线段 JH 和 FG） <br> 28.29（sin5.5°）＝2.71 | 28.29（cos5.5°）＝28.16 | $\underline{-5.98}$ <br> $Y_J = 30.55$ <br> $\underline{+28.16}$ <br> $Y_H = 58.71$ |
| $\underline{+62.13}$ <br> $X_G = 97.51$ | | | $\underline{+5.98}$ <br> $Y_G = 64.69$ |
| $\underline{+2.71}$ <br> $X_F = 100.22$ | | | $\underline{-28.16}$ <br> $Y_F = 36.53$ |

### 2. 未知线的长度和方位角

当已知直线两端点的坐标时，我们可以采用 6.4 节中介绍的方法求得这条直线的长度和方位角。

**【例题 6.7】** 要求在 DH 间建一围墙，如图 6.18 所示。求 DH 的长度及∠EDH 和∠HDC 的大小。

**解：** 第一步是确定 D、H 点的坐标，这已经求得。从图 6.15 和前面的计算我们可以得出：

$$X_D = 27.86, \qquad Y_D = 92.75$$
$$X_H = 35.38, \qquad Y_H = 58.71$$

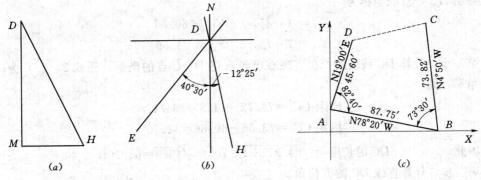

图 6.20 例题 6.7 计算图

由图 6.20（a）所示的直角三角形，可以得出：

$$MH = X_H - X_D = 35.38 - 27.86 = 7.52$$

$$DM = Y_D - Y_H = 92.75 - 58.71 = 34.04$$

则

$$DH = \sqrt{7.52^2 + 34.04^2} = \sqrt{56.55 + 1158.72}$$

因此

$$DH = \sqrt{1215.27} = 34.86 \text{ft}$$

$$\tan(DH \text{ 的方位角}) [\text{见图} 6.20 (a)] = \frac{MH}{DM} = \frac{7.52}{34.04} \quad (\text{见} 6.4 \text{ 节})$$

$$DH \text{ 的方位角} = S12°25'E$$

**注意：**方位角精度取 $5'$，以便与测量精度一致。

现在 3 条交线 $ED$、$HD$ 和 $CD$ 的方位角已知，它们的夹角就很容易求得。图 6.20（b）为直线 $ED$、$HD$ 同正北方向的夹角，由此可知 $ED$ 和 $HD$ 夹角为 $40°50' + 12°25'$，即 $\angle EDH = 53°15'$，因为 $\angle CDE = 136°20'$（见图 6.18），所以 $\angle CDH = 136°20' - 53°15' = 83°05'$。

**【例题 6.8】** 在测量图 6.20（c）所示的地块 $ABCD$ 时，由于障碍物的存在，无法直接测量 $D$、$C$ 点处的内角以及 $DC$ 线段的长度。根据图中的数据，计算 $DC$ 线的长度及 $\angle ADC$ 和 $\angle DCB$ 的大小。

**解：**第一步，首先确定 $D$、$C$ 点的坐标。由于已知 $DA$、$AB$、$BC$ 线的方位角及长度，$D$、$C$ 点的坐标可用前述的方法求得。其计算过程见表 6.6。

表 6.6          **G、H、J 点坐标计算**

| X 坐标 | 横 距 | 纵 距 | Y 坐标 |
|---|---|---|---|
| $X_A = 0$ | | | $Y_A = 17.74$ |
| | （线段 $AB$） | | |
| | $87.75\ (\sin78.33°) = 85.94$ | $87.75\ (\cos78.33°) = 17.74$ | |
| $\dfrac{+85.94}{X_B = 85.94}$ | | | $\dfrac{-17.74}{Y_B = 0}$ |
| | （线段 $BC$） | | |
| | $73.82\ (\sin4.83°) = 6.22$ | $73.82\ (\cos4.83°) = 73.56$ | $\dfrac{+73.56}{Y_C = 73.56}$ |
| $\dfrac{-6.22}{X_C = 79.72}$ | | | |
| $\dfrac{+14.85}{X_D = 14.85}$ | （线段 $DA$） | | $\dfrac{+43.12}{Y_D = 60.86}$ |
| | $45.60\ (\sin19°) = 14.85$ | $45.60\ (\cos19°) = 43.12$ | |

得出 $D$、$C$ 点的坐标为

$$X_D = 14.85, \qquad Y_D = 60.86$$
$$X_C = 79.72, \qquad Y_C = 73.56$$

第二步，计算 $DC$ 线段的长度。现在已经求得 $D$、$C$ 点的坐标，图 6.21（$a$）为一直角三角形，则

$$横距\ DC' = 79.72 - 14.85 = 64.87$$
$$纵距\ CC' = 73.56 - 60.86 = 12.70$$

因此 $\qquad DC$ 的长度 $= \sqrt{64.87^2 + 12.70^2} = \sqrt{4369} = 66.10\text{ft}$

第三步，计算直线 $DC$ 的方位角。

$$\tan(DC\ 的方位角) = \frac{横距}{纵距} = \frac{64.87}{12.70}（见 6.4 节）$$

则 $\qquad DC$ 的方位角 $= \text{N}78°55'\text{E}$

第四步，计算 $\angle ADC$ 和 $\angle DCB$。已由 6.2 节的方法求得 $AD$、$DC$ 和 $CB$ 的方位角，得出 $\angle ADC = 120°05'$ 和 $\angle DCB = 83°45'$，可用 6.3 节的方法校对这些角度。内角之和 $= 180(n-2) = 180 \times (4-2) = 360°$，而

$$73°30' + 82°40' + 120°05' + 83°45' = 360°0'$$

**习题 6.8. A** 在如图 6.21（$b$）、（$c$）所示的测量中，计算未知内角的大小以及未知线的方位角和长度。

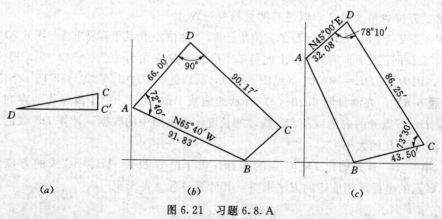

图 6.21 习题 6.8. A

### 3. 未知线问题

与未知线有关的许多问题可以从求得线段两端点的坐标来入手解决。

**【例题 6.9】** 在图 6.18 中，直线 $MNP$ 代表了一条小路的中线，$M$ 点与 $A$ 点的距离为 49ft0in，$MN$ 长 15ft0in。求 $NP$ 的长度及小路中线与建筑物的交点，$HP$ 的长度。

**解：**第一步，确定 $H$ 点的坐标。这些坐标值见表 6.5，查得

$$X_H = 35.38, \quad Y_H = 58.71$$

第二步，确定 $N$ 点的坐标。已知 $AE$ 线的方位角为 $\text{N}14°40'\text{W}$，由于 $MN$ 与 $AE$ 的夹角为 $90°0'$，所以 $MN$ 的方位角 $= 90°0' - 14°40' = \text{N}75°20'\text{E}$。由图 6.15 可知 $X_A = 15.88$，$Y_A = 0$，由以上这些数据，就能计算出 $N$ 点的坐标，如表 6.7 所示。

表 6.7                                                     M、N 坐 标 计 算

| X 坐标 | 横 距 | 纵 距 | Y 坐标 |
|---|---|---|---|
| $X_A=15.88$ | | | $Y_A=0$ |
| $X_M=\dfrac{-12.41}{3.47}$ | （线段 AM）<br>49 (sin14.67°) =12.41<br>（线段 MN）<br>15 (sin75.33°) =14.51 | 49 (cos14.67°) =47.40<br><br>15 (cos75.33°) =3.80 | $Y_M=\dfrac{+47.40}{47.40}$ |
| $X_N=\dfrac{+14.51}{17.98}$ | | | $Y_N=\dfrac{+3.80}{51.20}$ |

由此可得

$$X_N = 17.98, \quad Y_N = 51.20$$

第三步，求 NH 的长度和方位角。

$$NH \text{ 的横距} = 35.38 - 17.98 = 17.40$$

$$NH \text{ 的纵距} = 58.71 - 51.20 = 7.51$$

$$NH \text{ 的长度} = \sqrt{17.40^2 + 7.51^2} = \sqrt{359.2} = 18.95\text{ft}$$

$$\tan（NH \text{ 的方位角}） = \frac{\text{横距}}{\text{纵距}} = \frac{17.40}{7.51} \quad（\text{见 } 6.4 \text{ 节}）$$

$$NH \text{ 的方位角} = \text{N}66°40'\text{E}$$

第四步，求图示直角三角形中 H 点的内角。如图 6.22（a）所示，图 6.19（b）中的 JH 线和 FG 线相互平行，因此，JH 和 PH 的方位角 [见图 6.22（a）] 为 N 5°30'W，故 $\angle NHP = 66°40' + 5°30' = 72°10'$。

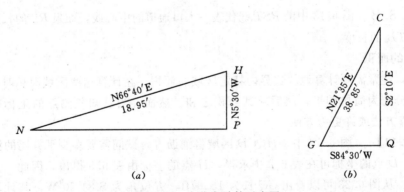

图 6.22 方位角计算示意图

第五步：通过解直角三角形 NHP 可以求出 HP 和 NP 的长度，见图 6.22。

$$HP \text{ 的长度} = 18.95 \times \cos72°10' = 5.80\text{ft} = 5\text{ft}9^5/_8\text{in}$$

$$NP \text{ 的长度} = 18.95 \times \sin72°10' = 18.04\text{ft} = 18\text{ft}1/_2\text{in}$$

**【例题 6.10】**    欲在图 6.18 中的 G、Q 点间建一围墙，围墙为建筑线 HG 的延长线，计算围墙 GQ 及 CQ 的长度。

**解：** 第一步，计算 GC 线段的长度和方位角。

$$X_C = 111.80, \quad Y_C = 100.84 \quad（\text{由图 } 6.15 \text{ 得}）$$

$$X_G = 97.51, \quad Y_G = 64.69 \quad（\text{由图 } 6.5 \text{ 得}）$$

GC 的横距=14.29，GC 的纵距=36.15

GC 的长度=$\sqrt{14.29^2+36.15^2}=\sqrt{1509}=38.85\text{ft}$

$\tan.(GC\text{ 的方位角})=\dfrac{横距}{纵距}=\dfrac{14.29}{36.15}$（见 6.4 节）

GC 的方位角=N21°35′E

第二步，计算图 6.22（b）中 G、C 和 Q 内角的大小。由于三角形各边的方位角已知，即

$$\angle CGQ=84°30′-21°35′=62°55′$$
$$\angle QCG=21°35′+2°10′=23°55′$$
$$\angle GQC=180°-2°10′-84°30′=93°20′$$

第三步，计算 CQ 和 GQ 线的长度。利用 2.9 节中的正弦定理很容易求得其长度。这一定理为：在任一三角形中，各边与其对角的正弦成正比。这些线段长度的计算如图 6.23 所示，由此得 CQ=34.65ft，GQ=15.67ft。

$$\frac{38.85}{\sin 93°20′}=\frac{CQ}{\sin 62°55′}=\frac{GQ}{\sin 23°45′}$$

$$CQ=\frac{38.85\times\sin 62°55′}{\sin 93°20′}=34.65\text{ft}$$

注：$\sin 93°20′=\sin(180°-93°20′)=\sin 86°40′$

$$GQ=\frac{38.85\times\sin 23°45′}{\sin 93°20′}=15.67\text{ft}$$

图 6.23　线长计算

习题 6.8.B　图 6.18 中的 RST 线代表一入口通道的中心线，如果 RS 的长为 8ft0in，计算 ST 和 TB 的长度。

**4. 地块的面积**

测量中，经常需要计算地块边界内特定区域的面积。在计算这些区域面积时，通常可以先把他们分解为简单图形，然后求其面积之和。然而，当已知各测点的坐标时，利用 6.7 节的计算方法或许更为方便。

**【例题 6.11】**　图 6.18 中，HQCD 区域将铺沥青，试问需要多少平方码的沥青？

**解**：C、D 点的坐标可在表 6.2 中求得，H 点的坐标由表 6.5 得出，因此，只需计算 Q 点的坐标。从图 6.23 可以看出 GQ 长为 15.67ft，方位角为 S 84°30′W，其计算过程见表 6.8，可以得出 $X_Q$=113.11，$Y_Q$=66.19。

由这些数据，我们可用 6.7 节的公式来计算面积。计算该公式最简单的方法是列表，见图 6.24。由此求得 HQCD 的面积等于 312.2yd²。

表 6.8　　　　　　　　　　　　　　　Q 点 坐 标 计 算

| X 坐标 | 纵　距 | 横　距 | Y 坐标 |
|---|---|---|---|
| $X_G$=97.51<br>+15.60<br>$X_Q$=113.11 | 15.67（sin84.5°）=15.60 | 15.67（cos84.5°）=1.50 | $Y_G$=64.69<br>+1.50<br>$Y_Q$=66.19 |

| 点 | 坐 标 | | Y 坐标之差 | | 面 积 | |
|---|---|---|---|---|---|---|
| | X | Y | 点 | 差 值 | + | － |
| H | 35.38 | 58.71 | H－D | －26.56 | | 940 |
| Q | 113.11 | 66.19 | C－H | ＋42.13 | 4765 | |
| C | 111.80 | 100.84 | D－Q | ＋26.56 | 2969 | |
| D | 27.86 | 92.75 | H－C | －42.13 | | 1174 |

```
                          ＋7734      －2114
                          －2214
                        2 | 5620
                        9 | 2810＝面积 （ft²）
                          312.2＝面积 （yd²）
```

图 6.24 面积计算

**习题 6.8.C** 在图 6.18 中，将 HQCD 看作一梯形来计算其面积，注意，GQ 的长为 15.67ft。（提示：计算两平行线 DC 和 HQ 之间的垂直距离。）

第 **7** 章

# 水 平 圆 曲 线

## 7.1　圆弧曲线

　　在建筑测量中经常用到的曲线为水平圆曲线，即圆周的圆弧部分。图 7.1 为两条非平行线 $A-P.C.$ 和 $B-P.T.$，交于顶点 $V$。半径为 $R$，圆心为 $O$ 的圆弧与这两条直线相切，点 $P.C.$ 是曲线与 $AV$ 线的切点，又是曲线的起始点。点 $P.T.$ 是曲线与 $BV$ 线的切点，也是直线 $P.T.-B$ 的起点。直线与曲线的这种关系称为相切。由于曲线与直线 $AV$、$BV$ 相切于点 $P.C.$ 和点 $P.T.$，所以 $\angle A-P.C.-O$ 和 $\angle B-P.T.-O$ 均为直角。两条半径在圆心 $O$ 点形成的夹角为 $\angle I$，称为内角。内角 $I$ 总等于 $V$ 点的外角。从 $V$ 到 $P.C.$ 点和 $V$ 到 $P.T.$ 点的距离相等，这一距离称为切距，以 $T$ 表示。

　　如果我们已知圆弧的半径 $R$ 和内角 $I$，切距可用下面的公式计算：

$$T = R\tan\frac{I}{2}$$

　　连接 $P.C.$ 点和 $P.T.$ 点的直线段 $C$ 称为弦，其长度可按下式计算：

$$C = 2R\sin\frac{I}{2}$$

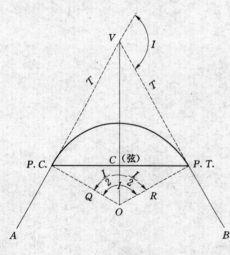

图 7.1　圆弧曲线

## 7.2 曲线长度

要表示某一曲线，应该已知以下三个基本要素：

(a) 曲线半径 $R$。

(b) 内角 $I$。

(c) 弧长。

尽管只需三个要素中的任意两个就都能确定曲线，但还是应该把三个要素全部计算出来并在图上标出。

当已知曲线半径和内角时，可采用两种不同的方法计算弧长。我们知道圆的周长为 $2\pi R$，圆的一周为 $360°$，因此，求弧长时，可认为弧长为圆周长的一部分。

**【例题 7.1】** 已知如图 7.1 所示的圆弧半径 40 ft 0 in，内角 $I$ 为 $85°20'$，计算从 $P.C.$ 点至 $P.T.$ 点的曲线长度。

**解**：因为 $85°20'$ 可写作 $85.33°$，因此

$$曲线的长度 = \frac{85.33}{360} \times 2\pi R = \frac{85.33}{360} \times 2 \times 3.1416 \times 40 = 59.57 \text{ft}$$

现已求得曲线的长度，曲线的三个要素就都知道，这些数据就可以表示在图 7.2 中。如果顶点以及曲率点或切点与平面图中的其他已知点有着密切的关系，那么不需要其他数据就可以确定曲线。

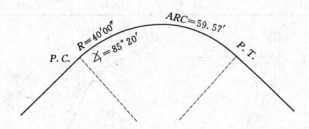

图 7.2 例题 7.1，圆曲线三要素计算

**【例题 7.2】** 两条交线及其方位角如图 7.3 (a) 所示，半径为 50ft0in 的圆弧线与两线相切。计算确定曲线所需的数据。

**解**：第一步是求内角 $I$，我们知道 $I$ 是两条线交点处外角的大小 [见图 7.1 和图 7.3 (b)]，而且两线的方位角已知，所以内角 $I$ 可由 6.2 节所述的方法计算求得。这样，通过

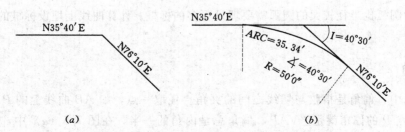

(a)            (b)

图 7.3 例题 7.2，圆曲线三要素计算

绘制该线的方位角，可以求得 $I = 76°10' - 35°40' = 40°30'$，求得 $I$ 后，就可求得曲线的长度。该曲线长度为

$$\frac{40.5}{360} \times 2\pi R = \frac{40.5}{360} \times 2 \times 3.1416 \times 50 = 35.34 \text{ft}$$

有关曲线的尺寸如图 7.3（b）所示。

本例所解决的问题在实际中经常遇到。另一类经常遇到的问题是已知弧长、内角，求半径。

**【例题 7.3】** 一条曲线切于两条直线，其内角为 156.59°，曲线长为 62.28ft。计算其半径。

**解：**
$$\frac{156.59}{360} \times 2\pi R = 62.68 \text{ft}$$

$$R = \frac{62.28}{2\pi} \times \frac{360}{156.59} = 22.93 \text{ft}$$

习题 7.2.A～习题 7.2D　图 7.4 中每一幅图均给出了两条交线的方位角以及切线弧的半径，计算弧长。

习题 7.2.E～习题 7.2H　计算下表中已知弧长和内角的圆弧半径。

| 习题 | 弧长（ft） | 内角（°） | 习题 | 弧长（ft） | 内角（°） |
|---|---|---|---|---|---|
| 7.2.E | 93.46 | 130.55 | 7.2.G | 86.33 | 126.38 |
| 7.2.F | 32.21 | 47.504 | 7.2.H | 22.64 | 33.27 |

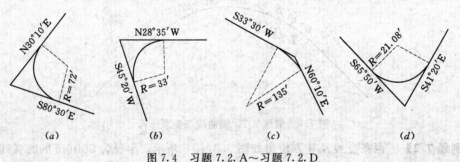

图 7.4　习题 7.2.A～习题 7.2.D

## 7.3　圆弧标定

在现场标定曲线时，需要在曲线上埋设足够数量的标桩来表示曲线的实际位置。一般半径较小的圆弧比半径较大的圆弧需要埋设更多的标桩。计算曲线上埋设标桩的定位通常采用偏角法。

## 7.4　偏角

在曲线中，偏角是指弦与切线之间的夹角。任取一点，如 $AB$ 曲线上的 $P$ 点，见图 7.5（a）。点 $P$ 的偏角就是 $\angle VAP$，偏角总是内角的一半，在图 7.5（a）中，$\angle VAP = \angle POA / 2$。

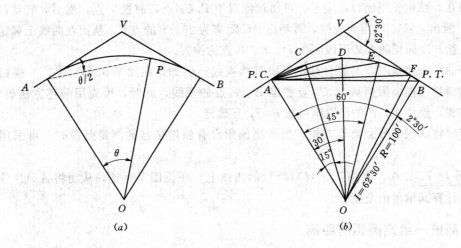

图 7.5 偏角

为了标定某一曲线，需要计算曲线上一系列点的偏角和弦长。曲率点 *P.C.*、切点 *P.T.* 和顶点 *V* 都位于地块内并用标桩标定。将经纬仪架设在曲线点上（或切点处），瞄准顶点 *V*，然后测得偏角，沿这些线测得弦长，从而可以确定出曲线上标桩的位置。通常，测出等长圆弧端点的位置，而曲线末端的弧长可能会较短，如图 7.5 (*b*) 所示。计算偏角和弦长的过程如下：

**【例题 7.4】** 一条半径为 100ft 0 in 的曲线，相切于两条交线，交点处有一外角，即内角为 62°30′，如图 7.5 (*b*) 所示。计算曲线上四个点的位置。

**解：** 由于 *V* 点处的外角为 62°30′，故 *O* 点内角 *I* 也等于 62°30′。*O* 为 *AB* 弧的圆心。现将 *O* 点和 *A* 点（即 *P.C.* 点）连一直线，以此直线为基线分别量取角度 15°、30°、45°、60°，这些角的另一边与曲线相交于 *C*、*D*、*E*、*F*。

在 7.1 节中，我们知道，弧长可由下式求得

$$C（弦）= 2R\sin\frac{I}{2}$$

利用这一公式，并结合偏角等于内角的一半这一定理，我们就可以计算出相应的弦长。

在图 7.5 (*b*) 中弦 *AC* 的内角为 15°0′，因此其偏角 $\angle VAC = 15°0′/2 = 7°30′$，由

$$C = 2R\sin\frac{I}{2}$$

可得 *AC* 弦的长度 $= 2 \times 100 \times \sin 7°30′ = 26.11\text{ft}$

类似地，可得

$AD = 2 \times 100 \times \sin 15°0′ = 51.76\text{ft}$

$AE = 2 \times 100 \times \sin 22°30′ = 76.54\text{ft}$

$AF = 2 \times 100 \times \sin 30°0′ = 100.0\text{ft}$（$\sin 30° = 0.5$）

计算剩余弦线 *FB* 的长度

$$FB = 2 \times 100 \times \sin 1°15′ = 4.36\text{ft}$$

现在，弦的长度已经确定了，可将仪器置于 $P.C.$ 点，前视 $V$ 点，然后，转动经纬仪 $7°30'$，测出 $\angle VAC$，沿此视线，再测出 $AC$ 距离为 $26.11'$ 的点 $C$，从而在曲线上确定了点 $C$ 的位置。以同样的方式可以测出 $D$、$E$、$F$ 点的位置。

在曲线上测点时，可能会有障碍物阻挡视线。例如，在图 7.5（$b$）中，一棵树或其他的障碍物可能会阻挡从 $P.C.$ 点照准 $E$、$F$ 点的视线，此时，可先用前述方法确定 $C$、$D$ 的位置，然后 $E$、$F$ 的位置则可从 $P.T.$ 点确定。

有时将曲线等分会比较方便。当所测偏角没有超过仪器的测量范围时，可采用这种方法。

　习题 7.4.A　在图 7.5（$b$）所示的曲线上，埋设四个标桩，从而将弦 $AB$ 分为五等份，计算其偏角值及弦长。

## 7.5　测设一给定圆弧的距离

为了确定曲线上整测站或其他点的位置，有时需要测量出距点 $P.C.$ 给定圆弧的距离。例如，假定在图 7.6 中已知圆弧 $P.C.-P$ 长，要求计算 $P.C.-P$ 的弦长。为此，我们首先要求得 $P.C.-P$ 弧所对内角的大小，即 $\angle POA$。由偏角 $\angle VAP$ 等于 $\angle POA$ 的一半，可以计算出 $P.C.-P$ 的弦长。

【例题 7.5】　在图 7.6 所示的曲线中，从 $P.C.$ 到 $P$ 点的弧长为 $60$ ft $0$ in，曲率半径为 $100$ ft $0$ in。计算 $P$ 点处的偏角以及 $P.C.-P$ 的弦长。

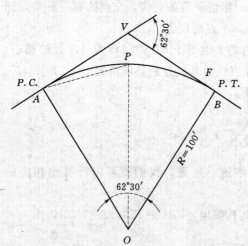

图 7.6　曲线偏角及弦长及计算

**解**：第一步是求弧长 $60$ ft $0$ in 所对内角的大小：

$$\frac{内角}{360} \times 2\pi R = 60$$

$$内角 = \frac{60 \times 360}{2\pi \times 100} = 34.38°$$

由于偏角等于这内角的一半，故偏角为 $17.19°$，从而弦长为

$$弦长 = 2 \times R \times \sin\frac{I}{2}$$

$$= 2 \times 100 \times 0.2955$$

$$= 59.11 \text{ft}$$

现在偏角和弦长都已经计算出来了。将仪器置于 $P.C.$ 点上，照准 $V$ 点，然后转动经纬仪使偏角 $\angle VAP$ 尽可能接近于 $17.19°$，再沿此视线方向距离点 $P.C.$ 为 $59.11$ft 处打一标桩确定出 $P$ 点。

　习题 7.5.A　在图 7.7（$a$）所示曲线上欲确定一点，曲线圆弧起点为点 $P.C.$，弧长为 $53.27$ft。试计算其偏角及弦长。

　习题 7.5.B　在图 7.7（$b$）曲线上欲确定一点，曲线圆弧起点为点 $P.C.$，弧长为 $153$ft。试计算偏角及其弦长。

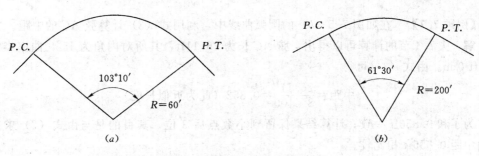

图 7.7　习题 7.5. A 和习题 7.5. B

## 7.6　圆曲线的中距

当圆曲线上两点位置及它们之间的弦长已知时，就可以很容易地求得其间其他点的位置。在图 7.8 中，$A$、$B$ 为圆弧半径为 $R$ 的曲线上的两点，弦长可由 7.1 节所介绍的方法或直接在现场测量获得。$m$ 为弦 $AB$ 的中点，$mm'$ 垂直于 $AB$；$mm'$ 称为中距，其长度很容易求得。

在 7.1 节中，我们知道计算弦长的公式为

$$弦长 = 2R\sin\frac{I}{2}$$

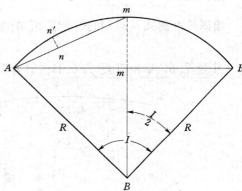

图 7.8　圆曲线的中距

因此

$$\sin\frac{I}{2} = \frac{\frac{I}{2}弦长}{R} \qquad (1)$$

则中距 $mm'$ 的长度可由下式计算：

$$mm' = R - R\cos\frac{I}{2} \qquad (2)$$

【例题 7.6】　在图 7.8 中，圆弧半径为 120 ft 0 in，$AB$ 弦长为 173.2ft。计算中距 $mm'$ 的长度。

**解**：第一步是求角度 $\frac{I}{2}$。由式（1）得

$$\sin\frac{I}{2} = \frac{86.6}{120}$$

所以

$$\frac{I}{2} = 46.19°$$

为求 $mm'$ 的长度，采用式（2），则

$$mm' = 120 - 120 \times \cos46.19° = 120 - 83.0 = 36.93\text{ft}$$

为了提高曲线定线时的精度，可将计算过程重复一遍，同时，可以求得后继中距，如 $nn'$ 的长度。通常，圆弧对应的内角 $I$ 不会超过前面例子中的 $I$ 值。当内角 $I$ 不超过 20° 时，可采用下面近似公式计算中距（大多数情况下，其精度能满足要求）：

$$中距 = \frac{(弦长)^2}{8R} \qquad (3)$$

【例题 7.7】　在如图 7.5（b）的圆弧曲线中，利用式（3）计算弦 AC 的中距。

**解：** 从 7.4 节的计算可以得出，弦 AC 长为 26.11ft，其所对内角为 15°，曲率半径为 100 ft 0 in。由式（3）可得

$$中距 = \frac{26.11^2}{8 \times 100} = 0.852 （此为近似长度）$$

为了和 0.856ft 一致，计算结果保留到小数点后 3 位，其目的是与由式（2）求得的精确中距 0.856ft 相比较。

当需要确定如图 7.8 中后继中距 $nn'$ 长度时，可采用下面的近似公式：

$$nn' = \frac{中距（mm'）}{4} \tag{4}$$

【例题 7.8】　在上例中，弦 AC 的中距为 0.85ft。根据式（4），计算次一级弦的中距。

**解：** $nn' = \frac{0.85}{4} = 0.21'$

绘图员根据式（3）和式（4）所得的近似结果绘制半径较大的圆弧曲线时会非常方便。

<u>习题 7.6.A 和习题 7.6.B</u>　计算图 7.9（a）、（b）所示的曲线中距。

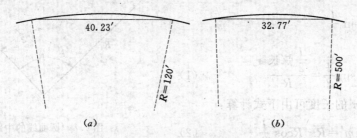

$$（a） \qquad （b）$$

图 7.9　习题 7.6.A 和习题 7.6.B

## 7.7　正切曲线

除了与直线相切外，有些圆曲线也会在它们与直线相切的切点处相互连接，图 7.10（a）为具有共同切线 $V_1 - V_2$ 的两条圆弧曲线，其曲线中心位于切线的同一侧，这类曲线称为复曲线。图 7.10（b）为两条具有公共切线 $V_1 - V_2$ 的圆弧曲线，其圆心分别位于切线两侧，这类曲线称为反向曲线。在道路设计时，应尽可能避免出现反向曲线。

在正切曲线上确定点位的方法类似于简单曲线。对于两条曲线相交于同一切点的情况，两曲线中心的连线与切点总在同一直线上，并垂直于公共切线 [见图 7.10（a）的 $OO'P$ 和图 7.10（b）的 $OPO'$]。

确定正切曲线最简单的方法就是先绘制切线 $V_1 - V_2$，计算其长度，确定公共切点 P 的位置，然后使切距相等，采用前述方法计算曲率半径。

两条直线与反向曲线连接方式见图 7.10（c）。绘制连接该两条直线的线段 $V_1 - V_2$，并计算其长度，$V_1 - V_2$ 为两曲线的公共切线。在 $V_1 - V_2$ 上取一点 P，并通过此点作垂直 $V_1 - V_2$ 的直线，两曲线圆弧中心就位于此直线上。在两已知直线上绘切距，使 $V_1 - P.C.$

$=V_1-P$，$V_2-P.T.=V_2-P$。分别过 $P.T.$ 和 $P.C.$ 作两条已知直线的垂线，这两条垂线与过 $P$ 点的 $V_1-V_2$ 垂线分别交于 $O$、$O'$ 点，即为曲率中心，从而可以确定半径 $R_1$ 和 $R_2$。

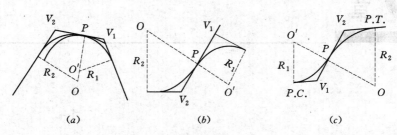

图 7.10 曲线示例

$(a)$ 复曲线；$(b)$ 反向曲线；$(c)$ 正切曲线计算

# 第**8**章

# 水 准 测 量

## 8.1 水准仪

点的高程是指该点与基准面之间的垂直距离。水准测量即确定两点或多个点之间高差的过程。本书的前几部分解决有关同一平面内直线、角度和面积的问题,然而,测量员也需要确定地面的高低,从而确定建筑物便利的进出口、坡度,以及场地合适的排水方式。

水准测量中所用到的仪器为水准仪和水准尺。由于精密水准仪的制造精度很高,加之其望远镜较长(约 18in),使测量结果能达到最高的精度。精密经纬仪和普通水准仪也可用于水准测量,但其精度比不上精密水准仪。

水准尺长约 7ft,并可以拉伸至折叠长度的 2 倍。水准尺正面通常用英尺和英尺的 1/10 刻划,而移动游标可读到 0.01ft。有些水准尺的最小读数为 0.001ft。

## 8.2 水准测量

为了确定一点的高程,有必要从某一已知高程或假定高程的点开始。

**【例题 8.1】**  在图 8.1 中有 $A$、$B$ 两点,已知 $A$ 点高程为 202.58,试确定 $B$ 点的高程。

**解:** 第一步,将仪器安置在任一方便的点上并整平。该点不一定在 $A$、$B$ 之间的直线上。

第二步,读取 $A$ 点上水准尺的读数。该读数被称为后视读数,其值为 2.32,因此仪器的高度(H.I)为 202.58+2.32,即 204.90。

第三步,然后转动仪器,照准 $B$ 点上的水准尺,读数为 7.89,这一读数称为前视读数。因为仪器高度为 204.90,所以 $B$ 点的高程为 204.90−7.89=197.01。

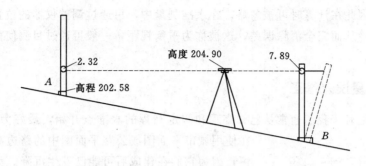

图 8.1　水准测量示意图

后视和前视有误导作用，因为它们并没有指明视线的方向。所谓的后视是指在已知高程点的标尺读数，前视是指在未知高程点的标尺读数。后视总为正值，前视总为负值。

在测量各种点的高程时，各点的高程可能会相差很大以致仪器不得不从一点移到另一点，当移动仪器后，仪器照准一高程已测点，该点称为转点，在测量转点高程之前，此点上标尺的读数为前视读数。例如，$B$ 点（见图 8.1）的高程为 197.01，当仪器移到另一位置时，点 $B$ 就为转点，此时它成为测量其他点高程的后视点。

## 8.3　水准测量的精度

为了准确测定高程，必须调整仪器，使水准管中的水准气泡正好居中。在转动仪器后，每一次读数前都应该检查水准气泡的位置。无论仪器照准哪个方向，视线必须位于水平面内。

另一需要注意的问题就是在读数时一定要保持水准尺竖直。如果水准尺有倾斜，如图 8.1 中的虚线所示，就不可能得到正确的读数。如果水准尺倾斜，其读数总是大于正确读数。

## 8.4　基准面和水准点

高程所参照的理论水平面称为基准面，通常为平均海平面。水准点为已知高程（相对于基准面）的永久性点。美国海岸与大地测量局和地方政府已经在全美范围内建立了为数众多的水准点。根据这些已知的水准点可确定其他的水准点。这些官方水准点的高程和位置可从市政部门工程处获得。当在图上表示高程时，应该注明其所参照的基准面是美国海岸与大地测量局的还是地方当局的。当工作区附近没有可用的官方水准点时，可选取一方便的永久点作为基准点，并假定其高程，通常假定为 100。该点的高度是图上其他点高程的依据。但是，记住只有当无法获得已知水准点时，才可采用这种方法。

在建筑施工过程中，通常要求在场地内建立临时性的水准点。该水准点用来确定图上各点的高程。在确定该水准点的位置时，应该特别注意，使该点位于不易被破坏的位置。位于建筑物、路缘侧石或其他固定对象附件的点宜用木桩作为水准点。

## 8.5　由曲率和折射所产生的误差

当两点相距较大时，水准测量总会产生误差。这种误差是由于地球表面的曲率和视线在大气中产生折射或弯曲所引起的。在正常视距内，200ft 距离的误差约为 0.001ft，由于误差非常小，因此在计算时可被忽略。在水准测量中，可通过调整仪器的位置，使后视和前视的距离相等从而完全消除误差，这被称为平衡视距，一般可通过目测使前视和后视的距离近似相等。

## 8.6 水准测量误差修正

在水准测量时，我们通常从已知高程和假定高程的水准点开始，最好为官方水准点。

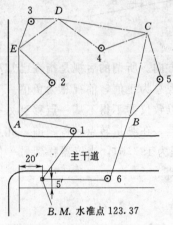

图 8.2 角点测量仪器位置

在使用城市平面图或公路平面图中的路边高程时应该谨慎，因为它们在建成后可能已发生沉降。为了检查测量的准确性，应尽可能按闭合水准路线进行测量。在道路、排水管线等测量中，采用闭合水准路线测量是不现实的，在这种情况下，应该充分利用沿线的其他水准点进行联测，将这些点当作转点。

图 8.2 表示测量图 6.18 中地块角点高程时仪器架设的不同位置。通过查阅城镇工程办公室的地图，得知一水准点位于主干道的南侧，如图 8.2 所示。该水准点为一石制标记，其高程为 123.37。该水准点位于场地内，仪器架设在 1 点，该点位置使后视 B.M. 点和前视 A 点距离近似相等。注意仪器的位置并不需要设在后视

和前视之间的直线上。读取前视、后视两个读数，然后将仪器移到 2 点，从该点读取 A 点的后视读数，然后读取 E 点的前视读数。绕场地测量一周，以地块各角点作为转点，最后回到初始水准点。所有读数的记录如图 8.3 所示，表格第五列为计算的高程。

| 位置 | 后视读数 | 仪器高度 | 前视读数 | 高程 | 修正高程 | 水准点 |
|------|---------|---------|---------|------|---------|--------|
| B.M. | — | — | — | 123.37 | 123.37 | 水准点为主 |
| A | 5.18 | 128.55 | 3.98 | 124.57 | 124.57 | 干道南侧的一 |
| E | 7.35 | 131.92 | 5.23 | 126.69 | 126.68 | 石制标记 |
| D | 10.78 | 137.47 | 6.71 | 130.76 | 130.75 | |
| C | 3.62 | 134.38 | 11.60 | 122.78 | 122.76 | |
| B | 4.80 | 127.58 | 6.32 | 121.26 | 121.24 | |
| B.M. | 6.85 | 128.11 | 4.72 | 123.39 | 123.37 | |

图 8.3 外业记录（一）

注意，当返回到起始水准点时，所计算出的高程与原高程有 0.02ft（123.39 − 123.37）的误差。误差应该按测距比例在测点间分配。但是，如果这样处理误差的话，高程的最小位数就为 0.001ft，这样的高程值含有比仪器所测得的读数精度高的意思。对于这一类问题，将 E 点、C 点的高程各加上 0.01ft 来闭合导线，此时的精度已经足够了。校正后的高程表示在图 8.3 中的第六列。

当用精密水准仪进行水准测量时，以英尺所表示的误差不超过 $0.05\sqrt{M}$，其中 $M$ 为闭合导线的长度，单位为英里。当使用精度较低的仪器，如精密经纬仪或普通水准仪时，

预计误差可能是精密水准仪的 2～3 倍。

当视距不超过 200ft 时，由曲率和折射所产生的误差非常小，因此，可减少转点的数量，将仪器架在一点测量多个高程，从而节省时间。

例如，假设在前面的例子中，我们将仪器架设在 2 点（见图 8.2），从该点照准 A 点、E 点和 D 点，然后以 D 点为转点，将仪器架在 4 点，照准 C 点、B 点及水准点。外业记录和计算结果如图 8.4 的列表所示。在这个例子中，高程闭合差为 0.03。为校正这一误差，可将仪器在 2 点的高度降低 0.01，4 点的高程降低 0.02，这样水准点高程就减少了 0.03，从而与起始水准点高程吻合。

| 位置 | 后视读数 | 仪器高度 | 前视读数 | 高程 | 修正后高程 |
|---|---|---|---|---|---|
| B. M. | — | — | — | 123.37 | 123.37 |
| 2 | 8.30 | 131.67 | — | — | 131.66 |
| A | — | — | 7.10 | 124.57 | 124.56 |
| E | — | — | 0.98 | 126.69 | 126.68 |
| D (t.p.) | — | — | 0.91 | 130.76 | 130.75 |
| 4 | 3.62 | 134.38 | — | — | 134.36 |
| C | — | — | 11.60 | 122.78 | 122.76 |
| B | — | — | 13.02 | 121.36 | 121.24 |
| B. M. | — | — | 10.98 | 123.40 | 123.37 |

图 8.4　外业记录（二）

## 8.7　反向水准测量

当需要确定桥梁、天花板及类似物体底部的高程时，可采用如下方法。

假设我们已知 A 点的高程为 24.78，如图 8.5 所示，要求确定 B 点的高程。将仪器架设好，读取 A 点水准尺的读数为 4.93，此为后视读数。然后将水准尺倒置于 B 点，也就是说，水准尺的零点在上方。然后读数，结果为 6.51。从示意图上可以看出，B 点的高程为 24.78＋4.93＋6.51，即 36.22。

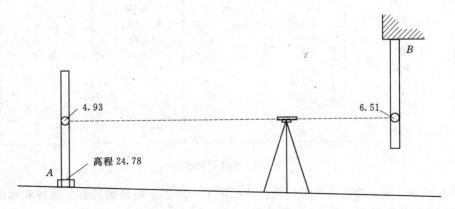

图 8.5　反向水准测量

## 8.8 纵断面图

道路、铁路、排水管线以及其他直线性质的测量经常需要绘制其纵断面图。纵断面图为地表同垂面交线的垂直投影。纵断面图通常用道路的中心线来表示。

在绘制纵断面图时，习惯于将垂直比例尺放大以便清楚表明其高程的变化。水平比例尺通常为垂直比例尺的 5～10 倍。例如，如果水平比例图上 1in 等于实际 40ft0in，那么，垂直比例就为图上 1/8in 甚至 1/4in 等于实际 1ft0in。在绘制纵断面图时，使用带有方格线的专用绘图纸会特别方便。图 10.6 为一道路纵断面图的例子。

| 位 置 | 后视读数 | 仪器高度 | 前视读数 | 高 程 |
|---|---|---|---|---|
| (a) 习题 8.8. A | | | | |
| B. M. | 3.42 | | 2.89 | 197.78 |
| A | 4.35 | | 3.71 | |
| B | 5.29 | | 5.47 | |
| C | 1.71 | | 4.21 | |
| D | 2.64 | | 1.13 | |
| B. M. | | | | |
| (b) 习题 8.8. B | | | | |
| B. M. | 9.95 | | | 326.98 |
| 1 | | | | |
| A | | | 3.26 | |
| B (t. p.) | 4.37 | | 5.32 | |
| 2 | | | | |
| C | | | 6.72 | |
| D | | | 4.58 | |
| E. (t. p.) | 3.42 | | 1.17 | |
| 3 | | | | |
| F | | | 2.31 | |
| B. M. | | | 11.25 | |
| (c) 习题 8.8. C | | | | |
| $BM_1$ | 2.21 | | 3.24 | 78.03 |
| A | 5.73 | | 8.43 | |
| B | 3.86 | | 5.21 | |
| C | 1.73 | | 3.61 | 71.07 |
| $BM_2$ | 8.26 | | 6.98 | |
| D | 4.92 | | 1.56 | |
| E | 7.08 | | 9.15 | 73.64 |
| $BM_3$ | 6.50 | | 7.76 | |
| F | | | | |
| G | 2.61 | | 4.36 | |
| H | 5.56 | | 3.87 | |
| $BM_4$ | 1.20 | | 5.01 | 68.51 |

图 8.6 外业记录示例

图 8.6 (a) 为一外业记录的示例，其记录了一四边形场地的后视、前视和水准点读数。场地的四角点用作水准测量的转点。见习题 8.8. A。

图 8.6 (*b*) 表示了一六边形场地的外业记录。*A*、*B*、*C*、*D*、*E* 和 *F* 点为场地的角点。点 1、2、3 为仪器的位置。*B* 点和 *E* 点用作转点。见习题 8.8.B。

图 8.6 (*c*) 为一直线排水管线的外业记录。*A*、*B*、*C*、*D*、*E*、*F*、*G* 和 *H* 点为沿线需要确定高程的点。这些点以及水准点 $BM_1$、$BM_2$ 和 $BM_3$ 都用作转点。见习题 8.8.C。

**习题 8.8. A~习题 8.8. C** 图 8.6 (*a*)、(*b*)、(*c*) 为某一水准测量的外业记录。表中已将每组记录的数据进行了平差,也就是没有闭合差。计算仪器高和场地每一点的高程。

# 第**9**章

# 等 高 线

地图是一种二维图形，因此，必须采用各种巧妙的方法来表现地表的三维形状。在线划图上实现三维表现的主要手段是等高线的使用。本章介绍了等高线的性质、用法，以及如何根据测量数据来绘制等高线。

## 9.1 等高线

一般的地图仅能表示二维情况，即长度和宽度。表达第三维或相对高差的方法有很多种，但是最实用的方法是绘制等高线。很多时候，通过察看等高线地图会比察看现场更能充分了解场地的高差。

等高线是在地图或平面图上把位于某一参考平面上所有相同高度的点连接而成的线。此参考平面称为基准面。在许多地图上，基准面为平均海平面，基准面之上的垂直距离称为高程。等高线可以看作是平面，例如水体表面，与起伏不定的地表的交线（表示在平面图上）。静止水体的岸线为等高线，水的涨落又形成新的等高线，如图 9.1（a）所示，它同时表示了小岛的平面和高程，当涨潮时又形成了新的岸线，这些岸线在平面图上就成了等高线。

## 9.2 等高距

等高距是等高线间的垂直距离。等高距越小，地图上等高线的数目就越多。等高距的选择取决于以下几个因素：地图的用途、绘图的比例尺、地势的平坦度，以及获取绘制等高线所需数据的费用。在小比例尺的地图上，通常采用 50ft 和 100ft 的等高距。然而，对于场地平面图，由于需要了解更详细的场地情况，一般采用 5ft、2ft、1ft 的等高距。对于建筑场地，建议采用 1ft 的等高距。

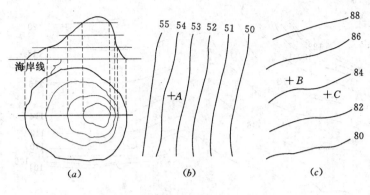

图 9.1  等高线

当等高距确定以后，整幅图都应采用相同的等高距。同一幅图上有多种等高距很容易导致读图错误。当需要了解图中等高线不能提供的信息时，有时在图中等高线之间可以绘制等高距较小的中间等高线，这些线应该用点划线或虚线来表示，并且只在需要的区域内绘制。

## 9.3  等高线的意义和用法

地图上的等高线有多种用途，它可以表达一般的地表形态，但有时也可由之获得所需要的其他信息。

**1. 由等高线确定高程**

在一张精确绘制的等高线平面图上，可用内插法确定任一点的高程。图 9.1 (b) 中等高距为 1ft，所绘制的等高线有 50、51、52、53、54、55。假定我们需要确定 A 点的高程，该点位于等高线 54 和 53 之间，距等高线 53 的距离为 0.7，由于等高线之间高程差为 1ft，故 A 点的高程为 53.7。

图 9.1 (c) 为间距为 2ft 的等高线，如其数字所示。为求得 B 点的高程，首先我们看到该点位于从等高线 84 和 86 之间的 0.3 处，由于等高距为 2ft，故 B 点的高程为 84＋0.3×2，即 84.6。C 点位于等高线 82 和 84 之间，且距 82 等高线 0.8，则 C 点的高程就为 82＋0.8×2，即 83.6。

**2. 等高线的一般意义**

地图上等高线的分布反映了地表的特征。在读图时，非常有必要了解这些特征及其含义。

(1) 高处等高线密集，低处等高线稀疏表明其地形为凹形坡，而当高处等高线稀疏，低处密集时为凸形坡。这两种情况分别如图 9.2 (a)、(b) 所示。

(2) 均匀分布的等高线表示地形为等坡度。水平表面的等高线为均匀分布、相互平行的直线。

(3) 每条等高线为闭合的实线，但并不一定在图幅内闭合。等高线不能在图幅内断开，它必须是闭合的曲线，或者，如果等高线开始于图上边界处，它必须在边界线的其他某点处结束。图 9.3 (a) 为一小路和若干台阶的平面图，等高线 50 在台阶的两侧墙处明显断开。图 9.3 (b) 为其透视图，等高线实际上绕着侧墙和台阶延伸。

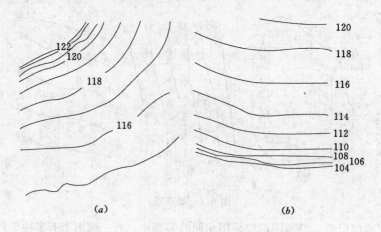

图 9.2 等高线

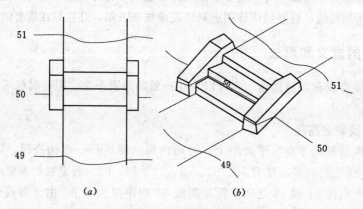

图 9.3 特殊等高线

(4) 被其他等高线围绕的闭合等高线表明其不是山顶就是低洼地。等高线上的数字可以区别其是山顶还是低洼地。由于等高线 A、B 上没有数字 [见图 9.4 (a)]，该坡顶有可能为山顶也可能为低洼地。如果，等高线 A、B 分别标示为 136 和 137，我们就可以知道中心为顶峰。图 9.4 (b) 的等高线数值表明坡底为一低洼地，为了进一步表示低洼地，有时沿垂直于等高线的方向画上短线，这些短线称为晕线，如图 9.4 (b) 中的等高线 133所示。最高点或最低点用一独立高程点来表示，如图 9.4 (b) 中的高程 132.8。

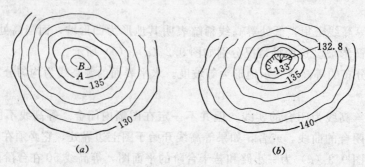

图 9.4 闭合等高线

（5）除了垂直崖和悬崖的情况，等高线从不相交，因为一旦其相交就表明一点有两个不同的高程。如图 9.5（a）的平面图和剖面图所示。在这种情况下，等高线一定在两点处相交。图 9.5（a）表示了剖面图的画法，剖面取自直线 $A$-$A$。等高线也可能在竖直开挖或建筑物处垂直。透视图 9.5（b）、（c）表明等高线穿过开挖体表面和建筑物表面。

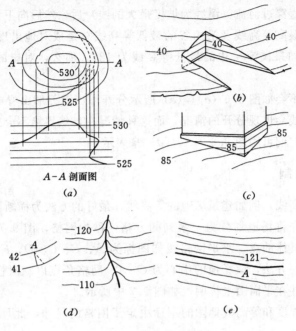

图 9.5　等高线示意图

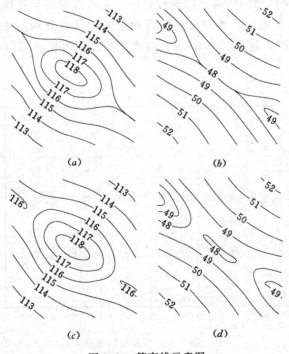

图 9.6　等高线示意图

（6）等高线垂直于最陡的坡线。图 9.5（d）为等高线 41 和 42，由于 A 点和 41 等高线上的任一点高差相等，所以两条线之间距离最短的线就为最陡的山坡，此最短线垂直于两等高线。同理，当等高线穿越山脊和峡谷时，他们相互垂直。

（7）图 9.5（e）为一条小河及邻近的等高线。当等高线穿越河流或溪流时，等高线首先向上游弯曲，垂直穿过河流（溪线为坡度最大的线）后，然后向下游弯曲。

（8）沿山脊的最高等高线及沿山谷的最低等高线总是成对地出现。图 9.5（f）为邻近溪流的等高线。如果溪流一边的最低等高线为 121，那么，对岸的最低等高线也一定是 121。

（9）等高线从不会如图 9.6（a）、（b）所示分开。当刀刃形山脊或峡谷刚好与一条等高线重合时，等高线会出现分开的情况，而这种情况在自然界绝不会出现。当尖锐的山脊或低洼地出现时，它们可用图 9.6（c）、（d）来表示。

## 9.4　等高线的绘制

绘制小区域等高线，例如建筑场地的等高线，最好的方法为横断面法或网格法。利用经纬仪和卷尺，首先将场地划分为一系列的方格，称为网格，图 9.7 所示的就是这种网格。为确定场地上具体的点，水平网格线如图标为 A、B、C、D、E，垂直线用 1～7 表示。例如，按照这一方法，该场地的中心为 C-4。网格角点以临时性的标桩标示，测出这些点的地面标高并在平面图上标明，如图 9.7 中所示。

地面不平坦的程度和等高线地图的用途决定了网格的尺寸，此尺寸一般从 10～100ft 不等。

划分好网格以及标明网格角点的高程以后，就可以绘制等高线了。对图 9.7 所示的场地，我们采用 1ft 的间距。我们发现最高和最低等高线分别为 80 和 75，唯一穿过网格角点的等高线是 77，此角点为 A-4。因此，我们必须找到网格线上等高线穿过的其他点。

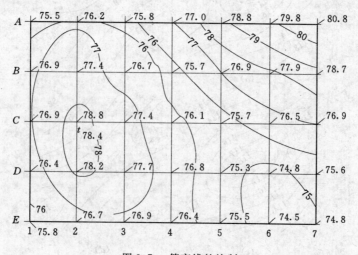

图 9.7　等高线的绘制

例如，$E$-5、$E$-6 点的高程分别为 75.5 和 74.5。很明显，等高线 75 将和网格线 $E$ 相交于网格线 5 和 6 的中点。下一步考虑点 $D$-5 和 $D$-6，其高程分别为 75.3 和 74.8，这两点的高差为 $75.3-74.8=0.5$，等高线 75 位于 $D$-5 和 $D$-6 之间，由于 $75-74.8=0.2$，因此等高线 75 将在 $D$-6 到 $D$-5 间的 2/5 处通过网格线 $D$。当然，这里使用的为内插法。也可用图解法来实现，此法是用标尺将网格线等分。图 9.8 为图 9.7 右上角网格的放大，可以采用合适的标尺来找出等高线 78、79、80 与网格线的交点。标尺放在网格附近，图中数字表明确定等高点的步骤，并不需要很高的精度。有经验的地形测量员一般不必经过如图的过程就可以用心算进行内插。当网格线上的所有等高点确定后，用平滑的曲线将其连接，画出等高线，如图 9.7 所示。

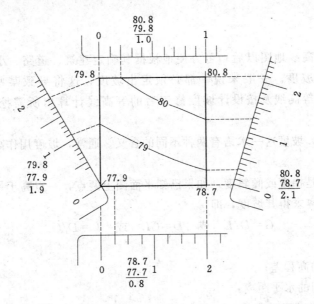

图 9.8 等高线绘制

**习题 9.4.A 和习题 9.8.B** 下表以类似于图 9.7 的方式给出了两独立场地平面图的网格交点高程，以 1in 的间距画出网格，并绘制间距为 1ft 的等高线。

习题 9.4.A 中的各点高程　　　　　　　　　　　　　　单位：ft

| 点 | 1 | 2 | 3 | 4 | 5 | 6 |
|---|---|---|---|---|---|---|
| $A$ | 35.3 | 36.4 | 37.0 | 38.1 | 38.9 | 39.6 |
| $B$ | 36.9 | 37.9 | 38.8 | 39.9 | 40.4 | 39.7 |
| $C$ | 38.0 | 39.0 | 40.4 | 41.5 | 40.4 | 39.0 |
| $D$ | 38.8 | 40.3 | 41.7 | 40.4 | 39.2 | 38.3 |
| $E$ | 39.3 | 40.5 | 39.9 | 39.2 | 38.3 | 37.3 |
| $F$ | 39.5 | 39.4 | 38.9 | 38.0 | 37.1 | 36.3 |

**习题 9.4. B 中的各点高程**　　　　单位：ft

| 点 | 1 | 2 | 3 | 4 | 5 | 6 | 7 |
|---|---|---|---|---|---|---|---|
| A | 95.0 | 94.8 | 95.7 | 95.6 | 95.5 | 94.8 | 94.1 |
| B | 95.7 | 94.7 | 96.4 | 97.2 | 97.3 | 96.3 | 95.0 |
| C | 96.7 | 95.2 | 95.5 | 97.4 | 98.6 | 97.4 | 95.7 |
| D | 97.5 | 96.4 | 94.8 | 95.8 | 96.8 | 96.7 | 95.8 |
| E | 97.1 | 98.1 | 96.4 | 94.9 | 95.3 | 95.4 | 94.6 |
| F | 96.4 | 98.0 | 97.8 | 96.6 | 94.9 | 93.0 | 93.2 |
| G | 95.4 | 96.6 | 97.4 | 96.8 | 95.6 | 94.4 | 92.6 |

## 9.5　坡度

绘制好场地等高线地图以后，可方便地根据其确定建筑、道路、小路等最合乎需要的位置以及要求的坡度。一般来说，都必须定出坡度，这将导致某些等高线的修改。我们可以根据场地等高线及按设计坡度修正后的等高线计算出所需挖填方的体积（见第 11 章）。

在场地工程中，坡度这一术语有两种不同的含义。通常，坡度用作高程的同义词，指地表某点的高度。

另一种含义就是梯度或倾斜度，如果已知平面图上两点，一点高于另一点，可通过两点高差除以水平距离求得其坡度，即

$$G=D/L \quad 或 \quad D=GL \quad 或 \quad L=D/G$$

式中　$G$——坡度；

　　　$D$——两点的高程差；

　　　$L$——两点间的水平距离。

坡度通常以小数或百分数表示。例如，图 9.9 表示了一等坡度的道路平面图，点划线为其中心线。$A$、$B$ 两点高程分别为 158.62 和 155.72，水平距离为 116ft，高差为 2.90ft。因此，道路的坡度 $G=D/L=2.90/116=0.025$，即 2.5%。图 9.9 为坡度的一般表示方法，箭头指向下坡方向，坡度以小数表示。

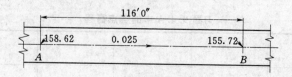

图 9.9　等坡度道路平面图

当已知一条线的坡度时，线上任一点的高程可由公式 $G=D/L$ 求得。例如，假定我们要求 $AB$ 线上某点的高程（见图 9.9），该点在 $A$ 点右侧 22ft 处，根据公式 $D=GL$，求得两点高差为 $D=0.025\times22=0.55$，因此，$A$ 点右侧 22ft 处高程为 $158.62-0.55=158.07$ft。同样，我们可求出距 $B$ 点左侧 46ft 处的高程，高差为 $D=0.025\times46=1.15$，高程为 $155.72+1.15=156.87$。

还有一类问题是经常遇到的,即求等高线与直线相交处的高程。例如,求等高线 158 与线段 $AB$ 的交点(见图 9.9)。该点与 $A$ 点的高差为 $158.62-158.00$,即 $0.62ft$。从 $A$ 点右侧到等高线 158 的水平距离为 $L=D/G$,即 $L=0.62/0.025=24.8ft$。为求 $AB$ 线上等高线 158 到 157 的水平距离,$D=1ft$,则 $L=1.0/0.025=40\ ft\ 0\ in$。同样,等高线 156 距 $B$ 点左侧为 $0.28/0.025$,即 $11.2ft$。

公式 $G=D/L$ 中有三个参数,当已知其中任何两个时,可求得第三个参数。必须深入理解本文所讲解的计算坡度和确定点位的方法,因为同样的问题会多次出现在与等高线有关的例子中。

**1. 绘制给定坡度的道路**

图 9.10 为一给定场地的等高线图,等高距为 5ft。假定要求我们确定 $A$ 点到 $B$ 点之间道路的中心线,其最大坡度不超过 $4\%$。由于等高距为 5ft,即等高线间的高差为 5ft,故任意两条线间的最小水平距离 $L=D/G=5.00/0.04=125ft$,因此,以 $A$ 点为圆心,画半径为 125ft 的圆弧与等高线 145 交于 $C$ 点。同样,以 $C$ 点为圆心,在等高线 150 上找出 $D$ 点。以 $D$ 点为圆心在等高线 155 上找出 $E$ 点。注意,如果在 $E$ 和 $G$(等高线 160 上)间画长 125ft 的直线段,线段的一部分接近水平,其余部分的坡度将超过最大值 $4\%$。对于这种情况,需在等高线 155 和 160 间插一半等高线(间距为 2.5ft),以半径 $125/2=62.5ft$ 画弧绘制 $EF$ 和 $FG$,连接点 $E$、$F$、$G$ 点形成一曲线。由于弧长比 $E$、$F$、$G$ 间的直线距离大,坡度将小于最大值 $4\%$。半径为 125ft 的弧与等高线 165 相交于 $B'$ 点,由于线段 $GB$ 稍长于 $GB'$,$GB$ 的坡度也就稍小于最大值 $4\%$。由此确定的道路中心线就满足了要求。

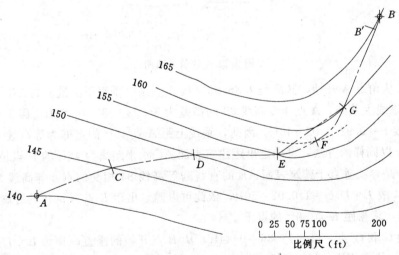

图 9.10 场地等高线图

从不同角度考虑问题将会影响道路的设计位置。最理想的设计方案是设计的道路具有最短长度且挖填土方量最小。我们上例中所建立的道路起于 $A$ 点,如果我们以 $B$ 点为起点,将会得到一条稍有不同的线路。对这类问题,可能会有许多不同的路线能满足所有的要求,但是,通常只有一种方案是最经济的。

**2. 确定场地排水坡度**

自然场地都不是绝对水平的,人工场地也是如此。所谓的水平场地,例如运动场、草坪等也必须有一定的坡度,从而使雨水能够排出。建筑物附近的地表也总是有坡度的,从而使地表水从建筑物处排出。

图 9.11 为一矩形建筑物,其周围的场地具有较小的排水坡度。图中建筑面积为 150ft ×80ft,平整后场地上建筑物角点的高程已经给出,这些角点均用十字表示,且在建筑物附近用易辨认的木桩标示出来。场地的最小坡度假定为 2%,我们的问题是确定与建筑表面垂直的坡面等高线。

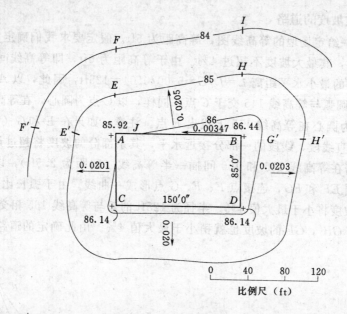

图 9.11  建筑平面图

我们可从角点 A 开始,其高程为 85.92。从 A 点画一垂直于建筑表面 AB 的直线。等高线 85 在该线上某处,A 点和等高线 85 的高差为 85.92 −85=0.92ft,因 $L=D/G$(见 9.5 节),故 $L=0.92/0.02=46$ft。因此,垂线上距 A 点 46ft 的点即为等高线 85 上的点,定为 E 点。以同样的方法,可确定出距建筑表面 AC 水平距离为 46ft 的 E′点位置。

下一步是寻找垂直于建筑表面 AB 的直线与等高线 84 相交的点。等高线 85 和 84 的高差为 1ft,故 $L=D/G=1/0.02=50$ft,依此可以确定出距 E 点为 50ft 的等高线 84 上的点 F。同样,求得距 E′点 50ft 的点 F′。

为求得 G 和 G′点,86.44 −86=0.44ft,从 B 点开始的垂直距离为 $L=D/G=0.44/0.02=22$ft。线段 EF、GH、G′H′ 及 HI 的长度都为 50ft。

按同样的程序可求得角点 C 和 D 在等高线 86、85 及 84 上相应的点。现将同一高程的点连接起来形成等高线。例如,因为 E、H 两点的地表为水平,故可以用直线将其连接起来。等高线 86 上 GJ 通过 G 点平行于 EH,其与建筑表面 AB 相交于 J 点。AJ 距离可按下述方法求得:AB 高差为 86.44 −85.92=0.52ft,其间水平距离为 150ft,图 9.11 中沿 AB 线的地表坡度为 $G=D/L=0.52/150=0.00347$。A、J 点间的高差为 86−85.92

=0.08ft，由 $L=D/G=0.08/0.00347$ 得 $AJ$ 的长度为 23ft。

在建筑的角点处，例如 $F'F$ 处，用圆弧将等高线连接起来使其完整。尽管设计工作可借助机械来完成，但最终的地面等高线仍需手绘。当等高线穿过道路或路面时，可借助机械绘制。

注意，与建筑表面 $CD$ 相连的地表是水平的，$C$、$D$ 点的高程均为 86.14，因此该等高线平行于建筑表面，且相距 50ft，这就能满足最小的要求坡度 0.02。然而，在建筑的另外三边，等高线并不平行于建筑表面，地面有一定的坡度，垂直于等高线方向的坡度稍大于最小值 2%，这样就解决了所要求的问题。

**习题 9.5. A** 图 9.12 (a) 所示为一矩形建筑场地，平面尺寸为 150ft×83ft。平整后的独立高程点如图显示在场地角点。以 1in=50ft 的比例在图上画出等高线 85 和 86，在垂直于建筑物表面方向上，最小坡度为 2%。

**习题 9.5. B** 图 9.12 (b) 所示为一长 120ft，宽 80ft 的矩形建筑场地。平整后的场地角点高程如图所示。以 1in=40ft 的比例在图上画出等高线 135、136 和 137。在垂直于建筑物表面方向上，最小坡度为 2%。

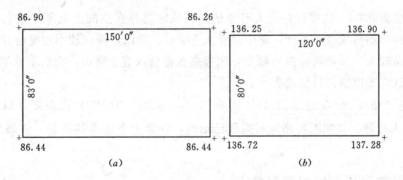

图 9.12　习题 9.5. A、B 图

### 3. 等高线表示人行道坡度

人行道和小路应有横向坡度以便于雨水排出，横向坡度垂直于道路纵向道路边线。当地的公路管理部门一般会专门指定最小和最大的横向坡度，一般为 2% 和 3%。城市规划图一般也会标出路缘石的高程，人行道的坡度就可以根据这些高程点进行计算。

图 9.13 (a) 和图 9.13 (b) 为邻近路缘石的人行道状况。路缘石高程的数据已经给出，并以短十字线交点表示其高程。对图中各人行道，其长度均为 115ft，宽度均为 15ft.

图 9.13 (a) 为一纵向坡度为 5% 的人行道，其横向坡度均为 3%。从 $A$、$B$ 点的已知路缘石高程开始，计算人行道上边界的高程，以 $A'$ 和 $B'$ 表示。例如，如果 A 点的高程为 89.40，人行道宽为 15ft，横向坡度为 0.03，$D=GL=0.03×15=0.45$ft，因此，$A'$ 点的高程为 89.40+0.45=89.85。等高线（84，85，86 等，均为整数）上的点均位于人行道的两条边界上，用等高线将这些点连接起来。我们知道两条平行线可以确定一平面，而且由于人行道两边的纵向坡度一样，因此，人行道为一平面，且等高线相互平行。雨水将会在人行道上沿垂直于等高线的方向流出，即小箭头所指示的方向。

图 9.13 (b) 为一类似的情形，不同之处在于人行道一端的横向坡度为 0.02，另一端

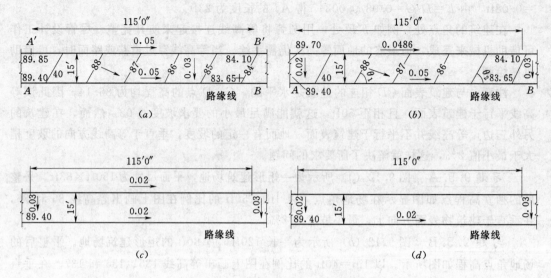

图 9.13 用等高线表示人行道坡度

的横向坡度为 0.03，这样就造成人行道的两条纵向边界在空间上就不平行，人行道表面为一扭曲面，等高线也不平行，图中∠θ₁ 大于∠θ₂。所以，横向较小坡度会导致等高线与路边的夹角较大。如果横向没有坡度，则等高线将会垂直于路边，我们不希望出现这种情形，因为这将难以横向排出地表水。

习题 9.5. C 和习题 9.5. D　图 9.13（c）和图 9.13（d）代表长为 115ft，路边宽为 15ft 的人行道，其坡度和路缘石高程已给出，计算上下边界的高程，并画出等高线 88 和 89。

## 9.6　由独立高程点绘制等高线

对于平面区域，仅知道独立高程点就能够绘制出等高线。当图上仅有独立高程点时，可以假定连接这些点的直线坡度不会变化。独立高程点总是优于用等高线确定的高程点。

图 9.14 为一已知 A、B、C、D 角点高程的四边形场地。首先考虑三角形区域 ABC，我们知道三点确定一平面，且在平面内等高线相互平行。因此，如果我们在此区域内绘制出一条等高线，其余等高线则与其平行，可以很容易地画出。假定我们需要绘制 ABC 区域内的等高线，从 AC 边开始，我们计算出其坡度（0.0796）和等高线的位置。下一步，计算出 AB 边的坡度，确定出等高线上的一点，如等高线 120 上的 b 点。现在，连接 b 点和 a 点（AC 线与等高线 120 的交点）就得到了等高线 120。由于 ABC 平面上的所有等高线均平行，故我们就可以在 AC 线上画一系列与等高线 120 平行的直线，从而得出 ABC 区域内的所有等高线。

图 9.14 所示的四边形区域由两个三角形 ABC 和 BCD 组成，ABC 区域的等高线已经绘出。为求 BCD 区域的等高线，可以先计算 BD 线的坡度（0.0495）并确定等高线上的点。连接 BD 上的等高点 c 和 BC 线上的 d 点，得出等高线 117。通过 BD 上的一系列等高线点，我们就可以绘制出平行于等高线 117 的直线，从而得到 BCD 区域内所有的等高线。

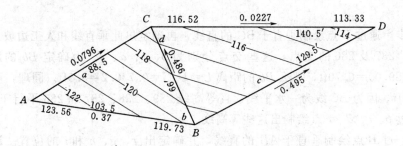

图 9.14 已知角点高程绘制场地等高线

如图 9.14 所示的具有两个或更多三角形的场地仅会出现在铺设过的地表。在自然陆地或草坪的风蚀表面不会留有尖角,此时等高线,如 BC 线上的等高线,应为圆形。

## 9.7 填方等高线

为了满足建筑附近地坪或其他地貌所要求的坡度,经常需要用挖方或填方来改变原有地形的形状,所涉及的区域必须用等高线来明确表示。表示等高线的方法有很多,下面的例子阐述了一种公认的方法。

【例题 9.1】 原有的坡地为一平面坡,如图 9.15 所示,其等高线为均匀分布的平行线,等高距为 1ft 0in。欲在其上建一台地。台地 ABCD 为 25ft×40ft 的平面。从 AD 线开始,其原有地表高程为 290.20,同时有一斜向 BC 边 2% 的斜下坡用来排水。邻近的人工边坡垂直于台地的一边,且边坡坡度为 1:5,也就是说,每 5ft 的水平距离就有 1ft 的高差,坡度为 0.2,用等高线表示所要求的边坡坡度。

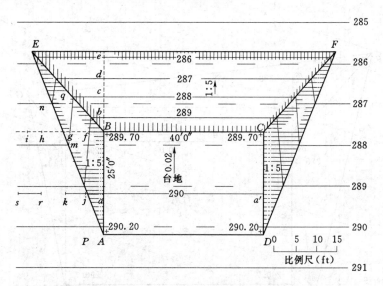

图 9.15 例题 9.1 填方等高线绘制

**解**:台地 A、D 点的高程为 290.20,坡度为 2%,台地宽 25ft,$D=GL=0.02×25=0.50$ft,所以,B、C 点的高程为 $290.20-0.50=289.70$。因此,台地 ABCD 中只有一条等高线 290,点 $a$ 和 $a'$ 距台地 AD 边的距离为 $D/G=0.20/0.02=10$ft,等高线 290 平行

于 $AD$。

下一步，通过 $B$ 点绘制垂直于 $BC$ 的直线，再确定出此垂直线和人工边坡上的等高线 289、288、287 及 286 的交点，这些交点分别为 $b$、$c$、$d$、$e$。为确定 $Bb$ 的距离，$D=289.70-289.00=0.70\text{ft}$，那么 $Bb$ 的距离 $L=D/G=0.7/0.2=3.5\text{ft}$。同理，可求得 $bc=cd=de=5\text{ft}$。因为 $BC$ 线为一水平线，且等高线 289、288、287 和 286 平行于 $BC$，所以我们可通过 $b$、$c$、$d$、$e$ 点绘制出这些等高线。

同理，过 $B$ 点绘制垂直于 $AB$ 的直线，并确定出 $f$、$g$、$h$ 和 $i$ 的位置。$Bf=3.5\text{ft}$，$fg=gh=hi=5\text{ft}$。但是 $AB$ 不是水平线，沿 $AB$ 边的等高线并不平行于 $AB$。我们知道两点确定一条直线，为求得这些所需的点，过 $a$ 点（等高线 290 上的点）绘制垂直于 $AB$ 的直线，量取 $aj=jk=kr=rs=5\text{ft}$。如果坡度延伸到这些点的话，点 $j$、$k$、$r$、$s$ 将位于新等高线 289、288、287 和 286 上，因此，连接点 $f$ 和 $j$，$g$ 和 $k$ 等就能确定出新等高线的位置，这些新等高线和原始等高线相交于 $l$、$m$、$n$ 及 $o$ 点。由于两平面的交线为一直线，所以 $AE$ 和 $BE$ 为直线。观察等高线 289（线 $jf$）与原等高线相交于交点 $l$，这种原等高线与新等高线的交点就是不挖不填点，在 $ABE$ 边线上标出这一点。对于 $m$、$n$、$o$、$p$ 也是如此。连接这些点的线即为坡面与原始地表的交线。延长 $no$ 线直至与 $BE$ 线相交，从而形成前述坡面的下边缘，注意 $BE$ 线平分 $\angle cqg$。

台地 $ABCD$ 右边等高线可以按同样的方法绘制。晕线（手画短线）通常靠近新等高线，原等高线未被截断的部分以细实线表示，受坡度影响的原等高线以短划线表示。在图 9.15 和图 9.16 中，用于确定新等高线的线和点画在图中是为了便于阐述作图过程，它们不应该出现在最终的图形中。

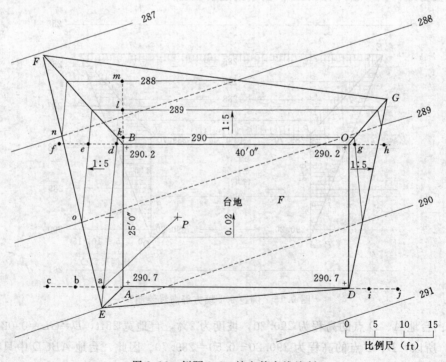

图 9.16 例题 9.2，填方等高线绘制

【例题 9.2】　图 9.16 中台地 ABCD 的边不平行于原有等高线。台地各侧斜面坡度为 1：5，台地的坡度为 2%。如果 D 点（高程 290.7）保持原有地面高程，绘制要求填方的等高线。

解：先计算 B、C（290.2）点高程，用上例的方法确定新等高线位置，图中所作的直线表示了整个确定过程。然而，这样并不能确定 E 点的位置。AE 线平分两相邻坡面上等高线间的夹角，而 ADE 区域没有等高线。由于 AD 线为水平线，故 ADE 平面内的任意等高线将平行于 AD。因此，如果我们以 ap 线等分 ∠daD，我们就可确定 AE 线的方向。过 A 点绘制平行于 ap 的直线，与直线 no 的延长线 de 的交点就是 E 点。为了便于读图，从图 9.16～图 9.23 省略了晕线。

【例题 9.3】　图 9.17 的台地 ABCD 为 20ft×30ft，线 AD 水平（高程 290.20），台地中心线坡度为 3%，另外，沿 BC 线两边有 1% 的横向坡，主要是用来减少地表排水对沿 BC 线填方顶部的侵蚀。台地各边的填土坡度为 1：3。确定满足要求的填方等高线位置。

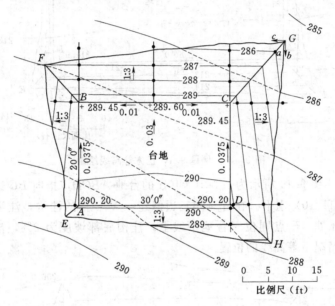

图 9.17　例题 9.3，填方等高线绘制

解：这个问题不同于前面的例子，因为原地面等高线不相互平行，地表不是一平面。在本例中，填土与原地表的交线并非直线。首先，计算 B、C 点的高程（289.45），之后，用前边的方法求得新等高线的位置，再把新等高线与原等高线的交点连接起来，作为填土的边界。在本例中，这些边界为不规则线。

## 9.8　挖方等高线

在读解等高线表示的坡度图时，可能不会立刻就确定出其工作是挖方还是填方。下面的方法将有助于挖填方的确认。

旋转图形使其处于俯视状态，这可以根据原等高线的高程来判断。

如果新等高线从原等高线位置向你移动了，则为挖方；如果远离你，则为填方。这种确认方法可由 9.7 节所讨论的图形证实，这些都是填方的例子。

**【例题 9.4】**  图 9.18 是 20ft×40ft 的台地 ABCD，其具有向边 BC 倾斜 2% 的坡度，BC 线高程为 211.5，同自然坡度吻合。挖方体的边坡坡度为 1：2，且指向台地边缘。绘制等高线以确定挖方形状和范围。

**解**：采用 9.7 节所用的方法。绘线过程和等高线如图 9.18 所示。这样开挖的缺点是地表水会排向台地 ABCD。为防止这种情况的发生，可在挖方体底部用洼地截取地表水，如下例所示。

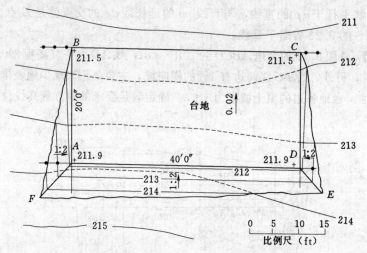

图 9.18  例题 9.4，挖方等高线绘制

**【例题 9.5】**  图 9.19 所示为一 20ft×40ft 的台地 ABCD，指向 BC 边的坡度为 3%，BC 边（高程为 211.10）水平。在台地的三边修建一 V 字形的洼沟，洼沟的最高点 F 位于 E 点以下 1.5ft 处，E 点则位于台地中线上，洼沟底部坡度为 2%，洼沟的边坡比为1：2。绘制这种情况下等高线的位置。

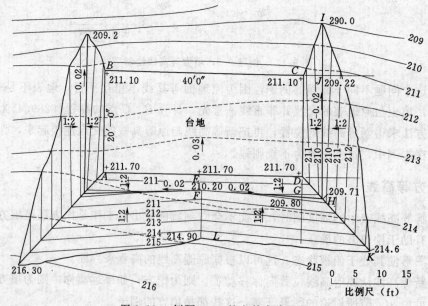

图 9.19  例题 9.5，挖方等高线绘制

**解：**计算得 $AD$ 线高程为 211.70，F 点的高程为 211.70－1.50＝210.20。$EF$ 的距离为 1.5/0.5＝3ft，$D$ 点对面的洼沟底部 $G$ 点大约距 $F$ 点 20ft，因此，$G$ 点高程为 210.20－20×0.02＝209.80，$DG$ 的距离为 1.90/0.5＝3.8ft。$G$ 点位置已经确定，则 $F$ 和 $G$ 点的连线位于排水沟底部。等高线 210 和 211 不能从斜坡的台地边画到排水沟区域 $EFHICD$，因而先绘出 $DH$ 线，利用比例尺量取 $FH$ 线段大约为 24.5ft。因此，$H$ 点的高程为 210.20－24.5×0.02＝209.71，$HJ$ 的距离也为 24.5ft，所以，$J$ 点高程为 209.71－24.5×0.02＝209.22。$CJ$ 的距离为（211.10－209.22）/0.5＝3.76ft。延长 $HJ$ 到自然坡度 $I$ 点，通过检查可知 $I$ 点足够精确，用前述方法绘制出区域 $FHIKL$ 内的等高线。台地左边用类似的方法绘制。

## 9.9 道路等高线

当等高线穿越道路时，其近似于扩大的横断面形状。图 9.20（a）就是这种情况，图 9.20（b）为路的横断面，一侧为带路肩的铺面人行道，另一侧为一 V 字形排水沟，路拱高出两边 5in，横断面为抛物线，注意图中所示的坡度。A 点位于道路中心线上，高程为 592.62，路的坡度为 0.028。

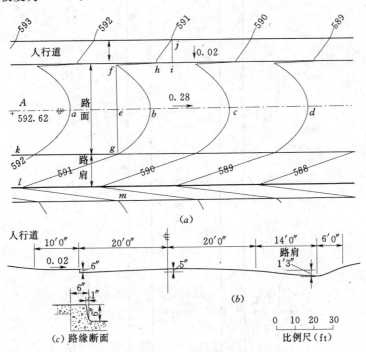

图 9.20 道路等高线绘制

利用 9.5 节所介绍的方法，先绘制路中心线与等高线 592、591、590、589 相交的点 $a$、$b$、$c$、$d$，每一个点都为抛物线的顶点。考虑等高线 591，$b$ 点位于该等高线上，路拱为 5in 或者说高于曲线底部 0.42ft，那么，$be$ 的距离为 D/G＝0.42/0.028＝1.5ft，于是 $e$ 点就可以绘制在道路中心线上，过 $e$ 点绘制垂直于道路中心线的直线，该直线与抛物线相交于 $f$、$g$ 点，它们为抛物线的底点，于是可以确定出曲线 $fbg$，此曲线即为道路上的等高线 591（抛物线的绘制方法见 10.1 节）。路边高 0.50ft，为了确定点 $h$，$fh$ 间的距离 $=D/G=0.50/0.028=18$ft。人行道横向坡度为 2%，因此，人行道的另一条线位于路边线上方 $GL=0.02\times10=0.20$ft，则 $hi=D/G=0.20/0.028=7.2$ft。通过 $i$ 点绘制路缘线的垂线得到 $j$ 点，$hj$ 线就为人行道上的等高线 591。可以用类似的方法确定排水沟的底部点 $l$，$gk$ 的距离 $=D/G=1.25/0.028=44.5$ft，点 $l$ 在排水沟最低点处正对着 $k$ 点，点 $m$ 正对着 $g$ 点。这样就绘制出了等高线 591，其他的等高线可以用同样的方法绘制。

**1. 路边挖填方**

图 9.21 所示为一与等高线相交、需要挖填的直线道路。道路坡度为 0.04，挖填方坡度为 1∶4，且坡度方向垂直于道路中心线。A 点高程为 352.80，道路及路肩的尺寸如断面图所示。

第一步，确定道路中心线上等高线的位置，用本节前述方法绘制道路及路肩的等高线。

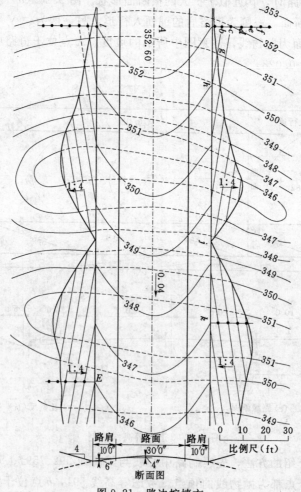

图 9.21 路边挖填方

在路肩边缘等高线上的任一点处，如 $a$ 点（高程为 352），绘制一条垂直于道路中心线的直线，在此直线上量取 $ab=bc=cd=4$ft（坡度为 1∶4）。在此斜坡上，$b$ 点位于 $a$ 点下方 1ft 处，如果等高线延伸到此处，则 $b$ 点位于等高线 351 上，路肩边缘上的 $h$ 点也位于等高线 351 上，因此，连接 $h$、$b$，就可以得到坡面上的等高线 351。我们注意到该线与自然等高线 351 相于 $g$ 点，则此点为不挖不填点，它表明此为填方边界上的一点。填方坡面上其余的等高线均平行于 $hb$ 线，据此可以全部绘制出其他等高线，这些等高线与自然等高线的交点就形成了填方的边界，填方结束于 $j$ 点，通过读图可知其高程约为 348.3。

从道路 $j$ 点右侧开始，进入挖方区。在高程为 347 的 $k$ 点处画一长约 4ft 的竖直线，按照填方的方法，绘制出挖方区的等高线以形成挖方的边界。

以同样的方法绘制出路两边挖填方的等高线。过 $l$、$m$ 点的竖直线表示了其定位的方法。

**2. 弯道等高线**

如果路的一部分为直线，其邻近的路堤为平面，则路堤上的等高线相互平行。当路线为曲线，路堤表面为曲面时，则路堤等高线也为曲线，道路断面的等高线不是一完全的抛物线。

图 9.22 所示道路的 $A$、$B$ 点间为一曲线，其内角为 60°（见 7.1 节），道路中心线的曲率半径为 100ft，道路和路肩的宽度及坡度如图 9.22 所示。路中线的坡度为 0.025，填方路堤的坡度为 1：4。

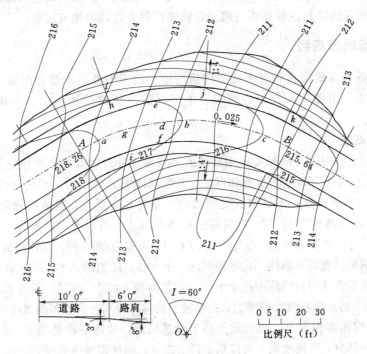

图 9.22 道路等高线绘制

第一步，采用 7.2 节所介绍的方法计算 $ab$ 弧的长度。从表 7.1 可知半径为 1 的 60°圆弧长为 1.04719，故半径 100ft 的弧 $AB$ 长为 104.72ft，则 $B$ 点的高程就为 $218.26-104.72 \times 0.025 = 215.64$，这样位于道路中心线上的等高线点 $a$、$b$、$c$ 便可求得。以 $a$ 点（等高线 218 上的点）为例，距 $A$ 点距离为 $D/G = 0.26/0.025 = 10.4$ft，但它位于曲线 $AB$ 上。当弧长相对较小时，可用弦代替。然而，本例中我们采用更精确的计算方法。$A$、$B$ 点的高差为 2.62ft，也就是 60°圆弧的高差。那么

$$\angle Aoa = \frac{0.26}{2.62} \times 60 = 6°$$

$$\angle aob = \angle boc = \frac{1.00}{2.62} \times 60 = 23°$$

$$\angle coB = \frac{0.36}{2.62} \times 60 = 8°$$

这些角度可用计算尺求得，其读数精度为所使用量角器的精度。然后，通过量角器得出以上角度，从而得到 $a$、$b$、$c$ 的位置。

现考虑等高线217的曲线顶点 $b$。路拱为3in或路外缘上方 0.25ft。曲线的基点 $d$ 距 $b$ 点的距离为 $D/G = 0.25/0.025 = 10$ft。通过 $o$、$d$ 点的直线与道路边线相交于点 $e$、$f$。$dg$ 的长度为 $D/G = 0.5/0.025 = 20$ft。由通过 $o$、$g$ 点的径向线可以得出路肩外缘等高线217上的点 $h$、$i$ 点。连接点 $h$、$e$、$b$、$f$、$i$ 可以得出道路及路肩上的等高线217。采用同样的方法可以绘制出路和路肩上的其余等高线。

下一步，绘制过 $o$ 点和等高线上 $h$、$j$、$k$ 点的经向线，然后根据坡度 1:4 确定出每隔4ft的点，点 $j$、$l$ 为等高线216上的点，因此可以把这些点用曲线连接起来，其余的等高线也以同样的方法绘制。等高线与地面自然坡面的交线即为填方边界。

## 9.10 建筑场地等高线

地表光滑的等高线会在各种形式的建筑场地中出现中断。本章在前面几个例子中阐释了一些挖填方、道路、人行道的情况。本节则给出了建设场地中所出现的几种其他形式。

### 1. 台阶等高线

当小道上有台阶时，一般都要求用路墙或挡墙来缓冲台阶与地面连接处高程的急剧变化。图9.23（$a$）为一10ft宽的小道和台阶，其断面如图9.23（$b$）所示。台阶挡板的坡度取 1:3，在台阶右侧，有一不确定长度的线段与路的方向垂直，这条线就是挡板的顶部，其坡度为1%。$A$ 点高程为49.12，绘制高程为49的 $a$ 点。可以看出挡板的顶部将会在等高线48和49之间与自然坡面相交。绘制距 $A$ 点62ft、高程为48.5的 $c$ 点，但是，从自然等高线位置看，很明显挡板坡顶部线不会延伸到此。下一步，绘制距 $A$ 点52ft、高程为48.6的 $b$ 点。我们看到此坡顶线与自然坡面相交于 $B$ 点，其高程大约为 48.55。距离 $AB = 0.57/0.01 = 57$ft，等高线上的点都在台阶颊墙上，挡墙坡上的等高线均与自然等高线相交于斜坡底部。等高线49与挡坡顶部相交于 $a$ 点，此点高于自然场地，故需要在此填方。绘制等高线 $ad$（等高线49的一部分）以使地表水可以从小道上排出。同样调整等高线50。

如果对挡坡左侧采用上面的方法，确定的挡坡将会非常长。为避免这一情况，挡坡可以做成弯曲的，形成一曲面，其上的等高线则为曲线。假定我们限定 $DE$ 长为57ft，$D$ 点高程就降为 $49.12 - 57 \times 0.01 = 48.55$，然后在等高线48和49间插值得到 $E$ 点，在其之间绘制长为57ft的 $DE$ 线。根据图示结构可以绘制出挡坡上等高线47和48。

### 2. 挡墙等高线

土坡的形成会改变地表的形状，而某些建筑的施工也经常会改变地表的形状。一旦高程急剧变化时，就要使用支挡结构，这包括用简单的路缘石支挡较小的土体高差，但是经常采用悬臂式挡墙来支挡 2ft 左右及以上的土体高差。

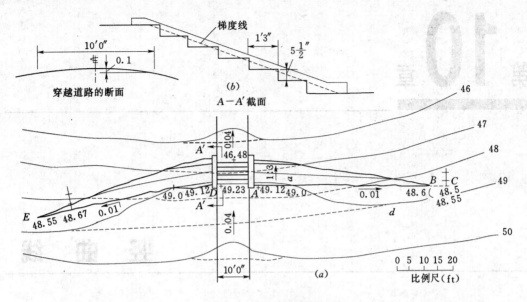

图 9.23 台阶等高线绘制

图 9.24 所示为在一山坡地形处借助两个挡墙来建设一平坦场地。上坡的挡墙用来辅助挖方，下坡的挡墙则是用来挡住填方。

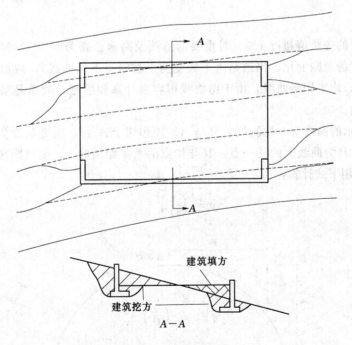

图 9.24 挡墙等高线

对图 9.24 中的场地，场地四面都可采用挡墙。图上显示了填方挡墙的简单用法，此处高程变化不大。挡墙的转角则有利于场地角部的平稳过渡。

# 第 **10** 章

竖 曲 线

## 10.1 抛物线

当道路坡度的变化值超过 1‰（对重要的道路及高速公路为 0.5‰）时，一般采用竖曲线来减缓坡度的急剧变化。当道路由下坡变为上坡时（下凹曲线），或由上坡变为下坡时（上凸曲线），均采用竖曲线。由于抛物线很容易计算和绘制，故总是采用抛物线作为道路中的竖曲线。

图 10.1 所示的曲线为一抛物线，其与 $AB$ 线相切于 $A$ 点，垂直高度为 $h$，$D$ 为抛物线宽度的一半，$P$ 为曲线上的任一点，其与切点的水平距离为 $x$，垂直距离为 $y$。对任意长度 $x$，$y$ 值可用下式计算：

$$y = \left(\frac{x}{D}\right)^2 h$$

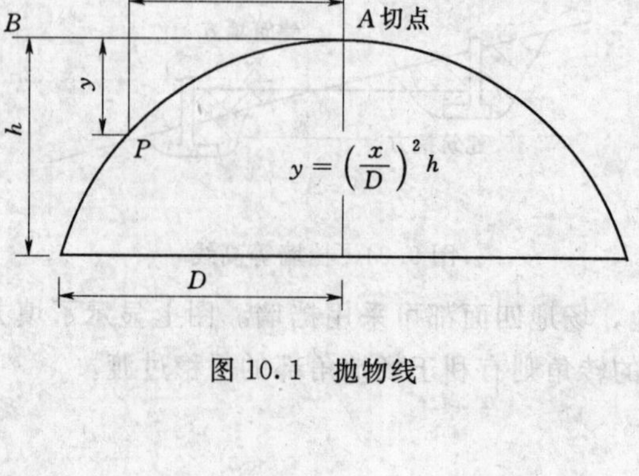

图 10.1 抛物线

该式表明，抛物线上一点的垂直偏距与其距切点的水平距离的平方成正比。在使用该公式时，注意其所有参数为同一单位，ft 或 in。

**【例题 10.1】** 在图 10.1 所示的抛物线中，如果 $D=20\text{ft}$，$h=8\text{in}$，$x=13\text{ft}$，偏距 $y$ 等于多少？

**解**：由于 $h=8\text{in}$，$h=\dfrac{8}{12}\text{ft}=0.67\text{ft}$

因此，代入公式有

$$y=\left(\frac{x}{D}\right)^2 h=\left(\frac{13}{20}\right)^2 \times 0.67$$

即
$$y=0.28\text{ft} \text{ 或 } 3\frac{3}{8}\text{in}$$

**【例题 10.2】** 在图 10.2 所示的抛物线中，$h$ 为抛物线的高度，$D$ 为抛物线宽的一半。如果将 $D$ 进行 10 等分，试用 $h$ 表示各等分点的 $y$ 值。

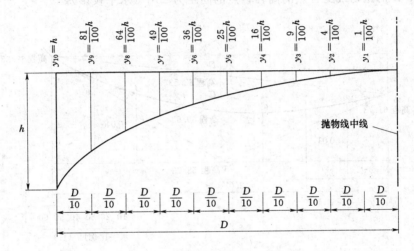

图 10.2 例题 10.2，抛物线计算图

**解**：从曲线中线开始，一系列 $x$ 的值分别为 $D/10$、$2D/10$、$3D/10$ 等。设对应于不同 $x$ 值的 $y$ 值分别为 $y_1$、$y_2$、$y_3$ 等。由上述计算公式，可得偏距：

$$y_1=\left(\frac{D/10}{D}\right)^2 \times h=\left(\frac{1}{10}\right)^2 \times h=\frac{1}{100}h$$

$$y_2=\left(\frac{2D/10}{D}\right)^2 \times h=\left(\frac{2}{10}\right)^2 \times h=\frac{4}{100}h$$

$$y_3=\left(\frac{3D/10}{D}\right)^2 \times h=\left(\frac{3}{10}\right)^2 \times h=\frac{9}{100}h$$

其余的 $y$ 值如图 10.2 所示，图中数字为当 $D$ 分为 10 等分时各等分点所对应的 $y$ 值。这些数值在绘制抛物线时是非常有用的。图上标出了 11 个点的数值，但是通常仅需知道少数几个点的数据就可以绘制抛物线。

**【例题 10.3】** 一道路宽 20ft，其断面为一抛物线。道路中点处的高度是 6 in；现要求绘制出此断面。计算曲线上不同点的位置。

**解：** 由于路宽 20ft，就可以绘制一长 10ft 的水平线，相当于图 10.2 中的 $D$。在此线上，以 1ft 0in 为间距绘制点。然后，利用图 10.2 计算这些点的 $y$ 值。注意，$h = 6\text{in} = 0.5\text{ft}$，因此有

$$y_1 = \frac{1}{100} \times 0.5 = 0.005\text{ft}, \quad y_2 = \frac{4}{100} \times 0.5 = 0.02\text{ft}, \quad y_3 = \frac{9}{100} \times 0.5 = 0.045\text{ft}$$

同理可得：$y_4 = 0.08\text{ft}$，$y_5 = 0.128\text{ft}$，$y_6 = 0.18\text{ft}$，$y_7 = 0.245\text{ft}$，$y_8 = 0.32\text{ft}$，$y_9 = 0.405\text{ft}$，$y_{10} = 0.5\text{ft}$。

## 10.2 道路竖曲线的绘制

某一 0.03 坡度的下坡路与一 0.046 坡度的上坡路相交于 $V$ 点。如图 10.3 所示。在测量时，下坡路用 $-0.03$ 表示，上坡路用 $+0.046$ 表示。两坡道（$P.I.$）的交点为 $V$，其高程为 58.73，一水平投影为 200ft 的下凹曲线从路的 $A$ 点延伸到 $B$ 点。假定我们要计算连接点 $A$、$B$ 的抛物线上各点的高程，点的间距为 25ft（水平投影）。

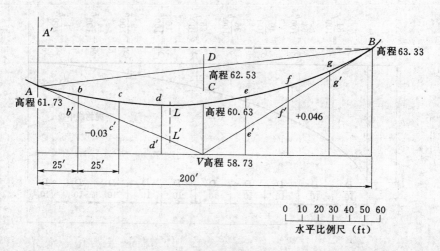

图 10.3 竖曲线计算

平面图中所有测量的长度均为水平投影距离，因此，平面图 10.3 中 $ADB$、$ACB$ 和 $AVB$ 的长度都等于水平投影 $A'B$ 的长度。在竖曲线中，$AV$ 水平投影长度等于 $VB$ 的投影长度，$C$ 点总是 $D$ 点和 $V$ 点的中点。已知 $V$ 点的高程为 58.73，$AV$ 和 $VB$ 的坡度也已知，因此，我们可以计算出点 $A$、$B$、$C$、$D$、$b'$、$c'$、$d'$、$e'$、$f'$ 及 $g'$ 的高程。计算过程如图 10.4 所示。$D$ 点为 $A$、$B$ 点高程差的中点，$C$ 点为 $D$ 点和 $V$ 点的中点，直线 $AV$ 和 $VB$ 分别在 $A$、$B$ 两点处与抛物线相切，所以，偏距 $b'b$、$c'c$、$d'd$（$y$ 值）正比于其到切点 $A$ 点距离的平方。$b'$ 点位于 $A$ 点到 $V$ 点距离的 25/100 即 1/4 处，$VC = 1.9\text{ft}$（见图 10.4），所以 $b'b = (1/4)^2 \times 1.9 = 0.12\text{ft}$。$b'$ 点的高程为 60.98，因此 $b$ 点的高程为 60.98 $+ 0.12 = 61.10$。同理可以求得曲线上其他点的高程，结果如下

$A$ 点高程 $= 58.73 + (100 \times 0.03) = 58.73 + 3.00 = 61.73$

$b'$ 点高程 $= 58.73 + (75 \times 0.03) = 58.73 + 2.25 = 60.98$

$c'$ 点高程 $= 58.73 + (50 \times 0.03) = 58.73 + 1.50 = 60.23$

$d'$ 点高程＝58.73 ＋ （25×0.03）＝58.73 ＋ 0.75＝59.48

$V$ 点高程＝58.73（已知）

$e'$ 点高程＝58.73 ＋ （25×0.046）＝58.73 ＋ 1.15＝59.88

$f'$ 点高程＝58.73 ＋ （50×0.046）＝58.73 ＋ 2.30＝61.03

$g'$ 点高程＝58.73 ＋ （75×0.046）＝58.73 ＋ 3.45＝62.18

$B$ 点高程＝58.73 ＋ （100×0.046）＝58.73 ＋ 4.60＝63.33

$D$ 点高程＝$\dfrac{61.73 + 63.33}{2}$＝62.53（$D$ 点为 $A$ 点和 $B$ 点的中点）

$C$ 点高程＝$\dfrac{62.53 + 58.73}{2}$＝60.63（$C$ 点为 $D$ 点和 $V$ 点的中点）

$VC＝60.63-58.73 ＝1.90$

$b'b = gg' = \left(\dfrac{1}{4}\right)^2 \times 1.90 = \dfrac{1}{16} \times 1.90 = 0.12$

$c'c = ff' = \left(\dfrac{1}{2}\right)^2 \times 1.90 = \dfrac{1}{4} \times 1.90 = 0.48$

$d'd = ee' = \left(\dfrac{3}{4}\right)^2 \times 1.90 = \dfrac{6}{19} \times 1.90 = 1.07$

$b$ 点高程＝60.98 ＋ 0.12＝61.10

$c$ 点高程＝60.23 ＋ 0.48＝60.71

$d$ 点高程＝59.48 ＋ 1.07＝60.55

$e$ 点高程＝59.88 ＋ 1.07＝60.95

$f$ 点高程＝61.03 ＋ 0.48＝61.51

$g$ 点高程＝62.18 ＋ 0.12＝62.30

**坡顶曲线**

当道路经过山坡的峰顶时，竖曲线如图 10.3 变化，求曲线上各点的高程。斜线 $AV$ 和 $VB$ 上各点的高程已求得（见图 10.4），然后减去各点偏距就得到各点高程，其计算过程如 10.2 节所述。

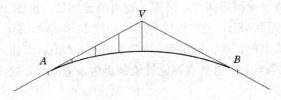

图 10.4　坡顶曲线计算

## 10.3　竖曲线上的高、低点

当排水沟或集水坑位于道路弯曲段的低点时，就要确定此低点的实际位置。曲线起点到低点或高点的水平距离为

$$\frac{lg_1}{g_1 - g_2}$$

式中   $l$——曲线长度的水平投影距离；

　　$g_1$、$g_2$——分别为曲线起点和终点的坡度百分比。

使用该公式时，坡度正负号的确定参照 10.2 节的规定。

在图 10.3 中，只有当 $AV$ 和 $VB$ 为等坡度时，$C$ 点才为其最低点。在本例中，最低点明显位于 $C$ 点左侧，假定为 $L$ 点，代入公式得

$$水平距离\ AL = \frac{200 \times (-0.03)}{(-0.03) - (+0.046)} = \frac{200 \times (-0.03)}{-0.076} = 79\text{ft}$$

为求 $L$ 点的高程，首先求 $L'$ 点的高程，由于 $A$ 点高程为 61.73，故 $L'$ 点高程为 $61.73 - 0.03 \times 79 = 59.36$。

为求 $L'L$ 的距离，我们采用 10.1 节阐述的方法，有 $L'L = (79/100)^2 \times 1.9 = 1.19\text{ft}$，因此，曲线最低点 $L$ 的高程为 $59.36 + 1.19 = 60.55$。

## 10.4　纵断面图

在测量中，纵断面指竖直平面与地表相交的垂直投影。在绘制与公路相交的等高线时，采用纵断面图是非常有用的。由于道路的坡度同其长度相比很小，因此通常放大纵断面图的纵坐标，一般放大到水平坐标的 5～10 倍。纵断面图对于校核曲线顶点的可视距离是非常有用的，它对于公路设计是必不可少的。对于私家道路和车道，建议也这么做。带方格的专用图纸可以用来绘制纵断面图。

## 10.5　用纵断面图绘制等高线

为阐述与道路竖曲线相交等高线的绘制方法，以图 10.3 所示 200ft 长的曲线为例来加以解释。道路和路肩的断面图如图 10.5 (a) 所示，其路宽 40ft，路肩宽 10ft。采用大比例尺来绘制竖向断面图，其高度如图 10.5 (c) 所示，带路肩的道路如图 10.5 (b) 平面图所示。

图 10.3 所示的竖曲线为道路的中心线。曲线 $ALB$ 的断面如图 10.5 (c) 中的实曲线所示。已知 $A$、$B$、$L$ 点的高程，标注 58～65 的水平线分别代表了不同高程的等高线，其等高距为 1ft，为了方便绘制等高线，采用了较大的比例尺。由图 10.5 (a)，可以看出路边低于路中心线 5in 即 0.42ft，路肩外缘低于中心线 13in 即 1.08ft。现在过任一点绘一竖线，如图 10.5 中曲线上的 $a$ 点，使 $ab = 0.42\text{ft}$，$ac = 1.08\text{ft}$，因此，$b$、$c$ 点为路肩曲线上的点。同样绘制其他各点，由这些点就能够绘制出两条虚曲线，这些虚线就表示断面的路肩线。

从图 10.5 (c) 中可以看到表示等高线高度的水平线与路中心线及路肩边缘相交于各点。例如，等高线 61 与路中心线（最低点 $L$ 左侧）$d$ 点，与路肩线交于 $e$、$f$ 点，通过这些点在平面图上的投影 [见图 10.5 (b)]，我们可以建立点 $d'$、$e'$、$e''$、$f'$ 和 $f''$，它们也在等高线 61 上，在平面图上连接这些点就得到等高线 61，同样可以绘制其余的等高线。

**注意**：等高线 60 与路肩外缘相交于 $g$、$h$ 点。在 10.3 节中，我们求得路中心线最低点 $L$ 的高程为 60.55，因此，$l$ 点的高程为 $60.55 - 1.08 = 59.47$。现将 $g$、$l$ 和 $h$ 点投影到平面图上，就得到 $g'$、$l'$ 和 $h'$。路肩坡度是每 10ft 就变化 8in，即坡度 $0.67/10 = 0.067$。

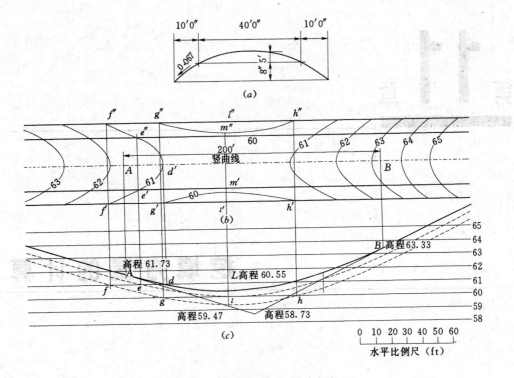

图 10.5 用纵断面图绘制等高线

(a) 路面及路肩横断面图；(b) 道路等高线；(c) 竖曲线剖面图

等高线 60 高于 $l$ 点 60−59.47＝0.53ft，因此，$l'm'$ 和 $l''m''$ 都等于 0.53/0.067＝7.9ft。连接 $g'm'h'$ 和 $g''m''h''$ 的曲线则为等高线 60。图 10.5 (b) 中，竖向断面的等高线并不一定都为抛物线或直线，本章介绍的方法只是绘制竖向等高线的一般方法。如果要求的精度较高，可以再绘制其他更多的点来确定等高线，例如，道路的 1/4 剖面曲线点和路肩的 1/2 剖面曲线点。

# 第 **11** 章

## 挖 填 方 量 的 计 算

### 11.1　挖方和填方

在挖填方施工时，最佳的坡度就是使其所需的挖方量等于填方量。这样在施工时，就没有多余的土方需要运出场外或从场外运到场地中来。因此，在施工开始前就要预先计算好挖填方量。

### 11.2　建筑挖方、填方工程

当一栋建筑物的挖方量相对较小，且地表坡度变化不大时，可将挖方体当作棱柱体，用开挖的面积乘以角点的平均深度，从而计算出所需挖方的近似体积。

**【例题 11.1】**　某 12ft×20ft 的矩形开挖体 $ABCD$，如图 11.1 所示。由等高线可以看出，天然地面坡度变化不大。如果挖方体的底部高程为 92.5，计算挖方的近似体积。

**解：**通过等高线的内插，得各个角点的高程为

$A=100.7$　$B=102.3$

$C=104.2$　$D=102.5$

用这些高程减去挖方体底部的高程 92.5，则角点处的挖方深度为

$A=8.2\text{ft}$　$B=9.8\text{ft}$

$C=11.7\text{ft}$　$D=10.0\text{ft}$

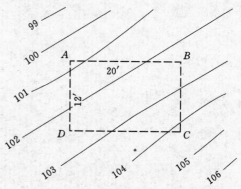

图 11.1　例题 11.1，挖填方计算

平均挖方深度乘以挖方区底面积得

$$\frac{8.2+9.8+11.7+10.0}{4} \times 12 \times 20 = 2382 ft^3 \text{ 或 } \frac{2382}{27} = 88.2 yd^3$$

当挖方体较大，或开挖表面不规则时，可采用类似的计算方法。该方法是将挖方面积分为许多小的区域，计算各个区域的挖方深度，取其平均挖方深度，这样计算出来的体积精度较高。

**【例题 11.2】** 如图 11.2 所示的不规则区域 *ABCDEF* 代表一个要开挖的区域，其底部高程为 208.0，计算所需开挖的土方量。

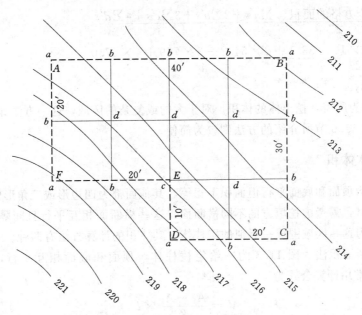

图 11.2 例题 11.2，挖填方计算

**解：** 第一步，将开挖区分成边长为 10ft 的小网格。任意便于计算面积的网格大小都是可以的。

第二步，以字母标注角点，字母 *a* 代表仅仅是一个方格的角点，*b* 代表两个方格公有的角点，*c* 代表三个方格公有的点，*d* 四个方格公有的点（见图 11.2）。

第三步，用上例所用的方法计算所有角点的高度，以及所有 *a's*、*b's*、*c's* 及 *d's* 各自高度之和。希腊字母 ∑ 代表"求和"，则

*a's*

| | | | | | |
|---|---|---|---|---|---|
| 215.7 | 211.3 | 214.6 | 217.2 | 219.3 | |
| 208.0 | 208.0 | 208.0 | 208.0 | 208.0 | ∑*a's*=38.1 |
| 7.7 | 3.3 | 6.6 | 9.2 | 11.3 | |

*b's*

| | | | | | | | |
|---|---|---|---|---|---|---|---|
| 214.6 | 213.6 | 212.5 | 213.1 | 213.9 | 215.7 | 217.4 | 217.4 |
| 208.0 | 208.0 | 208.0 | 208.0 | 208.0 | 208.0 | 208.0 | 208.0 |
| 6.6 | 5.6 | 4.5 | 5.1 | 5.9 | 7.7 | 9.4 | 9.4 |

∑*b's*=54.2

$c's$

215.9
208.0
———
7.9

$\sum c's = 7.9$

$d's$

| 215.9 | 214.7 | 213.8 | 214.6 |
|---|---|---|---|
| 208.0 | 208.0 | 208.0 | 208.0 |
| 7.9 | 6.7 | 5.8 | 6.6 |

$\sum d's = 27.0$

第四步，代入公式计算体积

$$体积 = \frac{1 \text{ 个方格的面积}}{27} \times \frac{\sum a's + 2\sum b's + 3\sum c's + 4\sum d's}{4}$$

$$= \frac{10 \times 10}{27} \times \frac{38.1 + 2 \times 54.2 + 3 \times 7.9 + 4 \times 27.0}{4}$$

$$= 258\text{yd}^3$$

258 yd³ 即为所需开挖土体的体积。对于大的或复杂的区域，这一方法显得有些冗长，采用 11.5 节和 11.6 节所介绍的方法则较为简便。

## 11.3 棱柱体体积

棱柱体是指顶面和底面平行但面积不相等，其他面都为四边形或三角形的空间体。在计算土方体积时，需考虑挖填方的不同横断面，这些横断面相互平行且间隔一定的距离。计算时就可认为这些区域围成一近似的棱柱体，其体积的计算方法有两种。

（1）平均断面积法。图 11.3 为一给定棱柱体，顶面和底面相互平行，分别为 $A_1$、$A_2$。其体积的常用计算公式为

$$V = \frac{A_1 + A_2}{2} \times l$$

式中　$A_1$、$A_2$——分别为两平行面的面积；

　　　　$l$——两平行面之间的垂直距离；

　　$(A_1 + A_2)/2$——平均断面面积。

由这一公式所得到的挖方体积并不精确，通常要稍大于精确值。但是，由于其计算简单，因此应用很广泛。这一方法应用于图 11.3 中的棱柱体，则

$$V = \frac{4 \times 6 + 5 \times 8}{2} \times 12 = 384\text{ft}^3$$

（2）棱柱体公式。棱柱体的精确体积计算公式为

$$V = \frac{A_1 + 4A_m + A_2}{6} \times l$$

式中　$A_m$——两平行面的中断面面积，其余参数同前式。

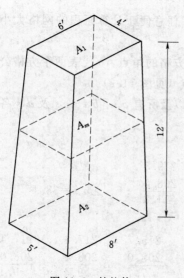

图 11.3　棱柱体

那么，对于图 11.3 所示的棱柱体，有

$$V = \frac{4 \times 6 + 4 \times 4.5 \times 7 + 5 \times 8}{6} \times 12 = 380 \text{ft}^3$$

## 11.4 由等高线计算挖填方体积

利用等高线可以简单快捷地计算挖填方体积。实际上，这也是我们绘制等高线的一个重要原因。图 11.4（a）为场地的一部分，由等高线可知其为填方区，点虚线表示自然等高线，实线表示填方后的等高线，点 $a$、$a'$、$b$、$b'$ 等所示为填方边界，自然等高线与填方后等高线间的区域用 $A$、$B$、$C$、$D$、$E$ 表示。图 11.4（b）为填方区 $F{-}F$ 剖面，虚线为自然地面的坡度。

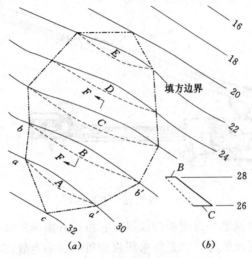

图 11.4　用等高线计算挖填方体积
(a) 场地平面；(b) $F{-}F$ 剖面

**注意**：$B$、$C$ 为相互平行的平面，填方体的高度为此平行面之间的垂直距离，实际上也就是等高距。如果我们将等高线看作是一系列的短直线，则填方的土体就近似为棱柱体，因此，如果计算出 $B$、$C$ 的面积，就可利用"平均断面积法"计算土体的体积。等高线 32 上的点 $c$ 为不填不挖点，通过 $c$ 点的类似于 $F{-}F$ 断面的剖面为一三角形，这一部分填土的形状近似为棱锥体，底面积为 $A$。等高线 22 和 20 之间同为此种情况。棱锥体的体积为（底面积×高）/3，因此，整个填土的体积就近似为所有小棱柱体和棱锥体的体积之和。

用 $A$、$B$、$C$、$D$、$E$ 分别代表自然等高线与填方后等高线之间土体的面积，单位为 $\text{ft}^2$；$i$ 表示等高距，单位为 ft，$V$ 表示填方或挖方的近似体积，单位为 $\text{ft}^3$，则

$$V = \frac{Ai}{3} + \frac{A+B}{2}i + \frac{C+D}{2}i + \frac{D+E}{2}i + \frac{E}{3}i$$

或

$$V = i \times \left( \frac{5}{6}A + B + C + D + \frac{5}{6}E \right)$$

由前面的讨论可知，用这种方法计算出的体积仅为近似值，而且等高线本身也是近似

的，因此，顶部和底部的面积系数 5/6 可看作是不必要的修正。如果忽略此系数，则可用下面的方法计算近似体积：相加所有的面积，如 A、B、C 等，再用其和乘以等高距。如果体积的单位为 ft³，则除以 27 就可以得到以 yd³ 为单位的体积。

## 11.5　求积仪

计算不规则区域面积的方法有多种。6.7 节介绍了将区域分为梯形的方法，或采用横断面方法，但是这些方法都很繁琐。最好的方法是使用被称为求积仪的灵巧仪器（见图 11.5）。

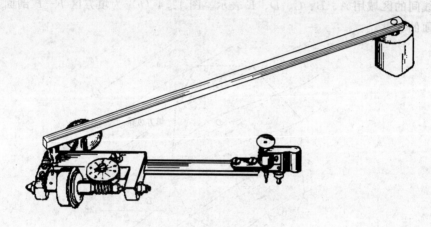

图 11.5　求积仪

求积仪为一种用来测量平面面积的仪器。它由带有重锤的金属杆、带计数器和游标的测轮及描迹针组成。测面积时，首先将求积仪带重锤的端点放在图板上待测区域之外。描迹针应放在待测区域边界线有标记的起始点上，读取计数器和游标上的起点读数。下一步，沿区域边界线顺时针方向小心移动描迹针，最后回到起始点，读取另一读数。两次读数之差即为所求面积，以平方英寸表示。如果严格操作，使用仪器所测的误差不会超过 1%。

最后一步是按图形比例将平方英寸转化为实际面积。例如，假定所测的面积为 2.56in²，图形的比例为 1in 代表 40ft，那么，实际面积为 2.56×40² = 4096ft²。

## 11.6　用求积仪计算挖填体的体积

图 11.6 所示为场地平面图的一部分，沿用传统的方法表示等高线。所求坡度的左边为填方，右边为挖方。挖填方的面积可用求积仪求得，结果列于图 11.7 表中。

**注意：** 表 11.7 的结果与 11.4 节所给的公式吻合，等高距如图 11.6 所示为 5ft。等高距越小，计算结果的精度就越高。当场地面积允许时，建议采用 1ft 的等高距。

### 1. 挖填方的平衡

图 11.7 的计算表明，填方量要远大于挖方量。如果场外不能获得填土，应该修正等高线以使挖方与填方量近似相等。这可能需要多次修改等高线，甚至有必要提高或降低建筑物基础的深度。

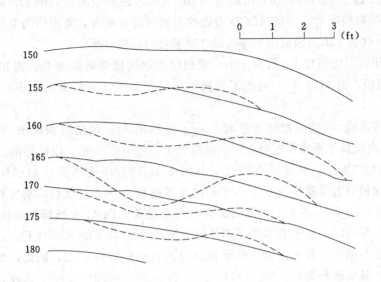

图 11.6

| 等高线 | 填方 | 挖方 |
|---|---|---|
| 155 | $\frac{5}{6} \times 0.13 = 0.11$ | $\frac{5}{6} \times 0.08 = 0.07$ |
| 160 | 0.27 | 0.18 |
| 165 | 0.47 | 0.11 |
| 170 | 0.21 | 0.05 |
| 175 | $\frac{5}{6} \times 0.09 = 0.08$ | $\frac{5}{6} \times 0.06 = 0.05$ |
| | 1.14 in² | 0.46 in² |
| （比例：$1'' = 40'0''$）×1600 = 1824 ft² | | ×1600 = 736 ft² |
| （等高距）×5 = 9120 ft³ | | ×5 = 3680 ft³ |
| ÷27 = 338 yd³ | | ÷27 = 136 yd³ |

图 11.7 挖填方计算

## 2. 体积减小和解决方法

当土体开挖并将其运到另一位置时，其体积将稍小于原有体积。其原因在于土体在运输过程中不可避免地会掉落，在陡坡段，掉落的土体被雨水冲刷带走。刚刚沉积的土体被暴雨、滚轴等压密。鉴于以上情况，通常要求在平衡挖填方量时，填方要超过5%～10%的挖方量，也就是说100ft³的挖方量和107ft³的填方量才能平衡。

## 3. 用求积仪确定建筑基坑挖方量

当基坑存在竖直边（一般均有此情况）时，可由求积仪计算其挖填方量。对垂直边处的等高线就表示其位于上坡的垂直开挖边上，如图9.5（b）所示。

**【例题 11.3】** 图 11.8（a）所示为一 40ft×60ft 的开挖基坑 *ABCD*，基坑底部标高为 80.5。如等高线所示，矩形 *ABCD* 周边的边坡均需要填方，矩形内为基坑开挖区。图形比例为 1in 代表 32ft。根据图示等高线计算基坑的挖填方量。

**解：** 由于图形比例为 1in 代表 32ft，求积仪表示的比例系数为 $1in^2$ 面积代表 32×32 即 $1024ft^2$ 面积。图 11.8（b）列出了不同的区域及有关计算结果，计算过程如 11.4 节所述。

在计算等高线 89 处的挖填方量时，*abca* 区和 *dDefa* 区的面积列于"填方"一栏，*cdAc* 区（等高线位于垂直开挖面上）的面积列于"挖方"一栏。以同样的方式记录下等高线 88 处的挖填方量。在等高线 87 上，区域 *ghig* 和 *jklj* 为填方，*ikDABi* 为挖方，与基坑表面相交的最低等高线为 87。由于基坑底部高程为 80.5，所以，基坑底部位于等高线 87 以下 87−80.5＝6.5 处，故基坑的体积并不是前面图 11.8 所阐述的棱柱体体积 40×60×6.5＝$15600ft^3$，由于其多算了部分位于等高线 87 以下的 *iCki* 体积，故采用这种方法计算的体积将偏大。通过插值，可得到 *C* 点的自然高程为 86.2，因此，多出的这部分可看作棱锥，其底面积为（0.25×1024）$ft^2$，高为 87−86.2＝0.8ft。这样，其体积就为 0.25×1024×0.8/3＝$68ft^3$。

**注意：** 1024 是将图中的平方英寸转化为平方英尺的比例系数。将以上计算的开挖体积减去体积 $68ft^3$，就得到开挖体的体积。其计算过程如图 11.8（b）所示。

挖填方的体积分别为 $712yd^3$ 和 $22yd^3$，如 11.4 节所述，用这种方法所计算的体积为近似值。如果基坑为开挖体的主要部分，则应该采用 11.2 所介绍的方法确定基坑范围内的挖方量。

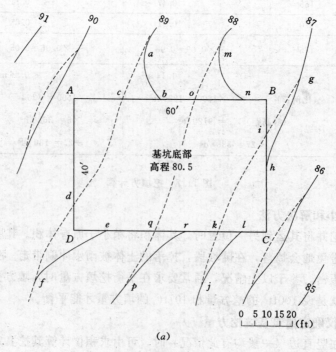

(a)

图 11.8 挖填方计算（一）

| 等高线 | 填 方 | 挖 方 |
|---|---|---|
| 90 | $\dfrac{5}{6} \times 0.05 = 0.04$ | |
| 89 | 面积 $abca = 0.07$<br>面积 $dDefd = 0.14$ | 面积 $cdAc = 0.29$ |
| 88 | 面积 $mnom = 0.10$<br>面积 $pqrp = 0.05$ | 面积 $oqDAo = 1.21$ |
| 87 | 面积 $ghjg = 0.05$<br>面积 $jklj = 0.05$ | 面积 $ikDABi = 2.09$ |
| 86 | $\dfrac{5}{6} \times 0.08 = 0.07$ | |
| | 总面积：$0.57\ \text{in}^2$<br>（比例：$1'' = 32'0''$）$\times 1024 = 584\ \text{ft}^2$<br>（等高距）$\times 1 = 584\ \text{ft}^3$<br><br><br><br><br><br>$\div 27 = 22\ \text{yd}^3$ | $3.59\ \text{in}^2$<br>$\times 1024 = 3680\ \text{ft}^2$<br>$\times 1 = 3680\ \text{ft}^3$<br>$+ (40 \times 60 \times 6.5) = \dfrac{15600}{19280\text{ft}^3}$<br>区域 $icki$ 的体积修正<br>$= \dfrac{0.25 \times 1024 \times 0.8}{3} = \dfrac{-68}{19212\text{ft}^3}$<br>$\div 27 = 712\ \text{yd}^3$ |

$(b)$

图 11.8 挖填方计算（二）

# 第 **12** 章

# 排水和场地坡度

## 12.1  排水的基础知识

雨水降落到场地表面后通常有几个去处：蒸发、渗入地下、流出场地（或流到场地上集水坑处）。没有渗入地下的雨水称为地表径流，必须采取一定的排水措施将此部分雨水排出。因此，地表必须设计成有一定的坡度，使地表水能从建筑物周围流出，这就必须设置集水槽和地下排水管道系统。

当坡面靠近现有树木时，应尽量减小地表自然高程的改变，地表高程的降低值不能超过 6in。如果必须填高地面，则应当采用石头或砖块在树旁修筑围栏，并且高度不高于 4ft。

## 12.2  草坪和种植区

建筑物周边草坪和种植区的坡度一般为 2%，最小也应达到 1%。土堤应该有 1∶2 的最大坡度，如果使用电动割草机，坡度不应大于 1∶3。漫过土堤的水会对地表产生腐蚀，并且会冲毁种植物。为避免出现这种情况，可以在堤顶设排水沟截流。

## 12.3  人行道和小路

人行道和小路的横截面最好为拱形，这样地表水就会流向两边。但是在大多情况下这是不可能的，只能允许少量的水流过道路。对人行道和建筑物周边的地面来说，应当有 2%～3% 的横向坡度。为了便于排水，建议其最小纵向坡度为 1%。在寒冷的气候条件下，地面很容易结冰，其最大纵向坡度为 6%；但在气候温和的地方，其最大坡度可以达到 8%。一般来说，当小路较长时，应该采用较小的坡度；而对于较短的小路和部分

路面，如果必要的话，可以采用接近最大坡度设计，但在建筑的入口处应避免出现
陡坡。

住宅区主入口通道的最小宽度应不小于 3ft，对于公共或半公共建筑，最小宽度应为
5ft，两条小路的交叉处应该有半径不小于 6ft 的斜角或圆角。

人行道上应尽可能避免出现台阶，如果不可避免，一般其台阶数应不小于 3 阶，因为
阶数太少就成了绊脚石。如果大于 5 阶，则应该设置扶手。

## 12.4 道路和车行道

为了便于排水，道路和车行道的最小纵向坡度为 0.5%，但最好采用 1% 的坡度，其
最大纵向坡度一般不超过 6%。对于距离较短的道路，其最大坡度可达 8%，在结冰不会
对道路造成影响的温暖气候条件下甚至可以达到 10%。在道路的交汇处，坡度不应超
过 3%。

混凝土和沥青路面的横断面一般为抛物线，其半宽上每 1 英尺的拱高应该为 0.25in。
对于土路，其半宽上每 1 英尺的拱高应增高到 0.5in。有时行车道会采用倒抛物线的凹断
面，这种情况仅适用于混凝土路面，此抛物线的半宽上每 1 英尺的拱高应为 0.5in。

路的宽度取决于行车道数和停车的需要，每条行车道的宽度最少为 10ft，平行的停车
道宽度为 8ft，斜交的停车道最小宽度为 15ft（最好 18ft），正交的停车道最小宽度应
为 19ft。

当行车道上出现曲线时，道路内边曲线的半径不应小于 20ft；在限速为 20mile/h 的
路段上，道路内边的曲线半径不应小于 100ft。街道的交叉处应该有最小半径为 15ft 的
圆角。

为了减少场地拥有者的维护费用，住宅区内的道路一般由城市或城镇政府负责完成。
在这些道路的施工过程中，应该遵守当地公路管理部门各种详细的、强制性的要求和规
定，以确保符合要求。

## 12.5 降雨量

在排水系统的设计中，一个非常重要的影响因素是该地区每小时的降雨量。在降雨量
较小的地区，排水系统通常按照 2 年期的最大降雨量来设计，但在比较保守的设计中，按
照 5 年期的最大降雨量来设计。有关降雨量的数据，通常可从市政当局所保存的历年降雨
量记录中获得。当无法取得这一数据时，可查阅由美国农业部门提供的两张图，如图
12.1 所示。

图 12.1 中给出了 2 年期和 5 年期中 1in 范围内每小时的降雨量。这大约等于在 1acre
的地面上 1ft$^3$/s 的降水量。

## 12.6 径流

地表降水并不是都能够到达排水管道，其中一部分被蒸发了，一部分视场地孔隙情况
而渗入到土壤中。流到排水系统的降水称为径流。表 12.1 给出了雨水降落到不同表面的
平均径流率。

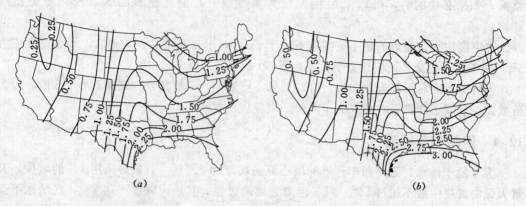

图 12.1　美国降雨强度等值线图（来自美国农业部综合出版物第 204 卷）

(a) 2 年期 1 小时最大降雨量（in）；(b) 5 年期 1 小时最大降雨量（in）

径流体积可由下面的公式来估算：

$$Q = ACI$$

式中　$Q$ ——某一区域的径流量，$\mathrm{ft^3/s}$；

　　　$A$ ——排水区面积，acre；

　　　$C$ ——径流系数（见表 12.1）；

　　　$I$ ——降雨量，in/h，如果没有精确的数据，可采用图 12.1 的数据。

表 12.1　　　　　　　　　　　径　流　系　数

| 屋　顶 | | 0.95 |
|---|---|---|
| 混凝土、沥青和其他铺面 | | 0.95 |
| 碎石铺面 | | 0.80 |
| 砾石铺面或便道 | 比较松散 | 0.30 |
| | 比较密实 | 0.70 |
| 空地、没有铺面的街道 | 有机物生长 | 0.60 |
| | 无机物生长 | 0.75 |
| 草坪、公园、高尔夫球场 | | 0.35 |
| 木质地面 | | 0.20 |

## 12.7　管径的尺寸

当计算出径流量后，下一步的工作就是确定合适的排水管径。排水管的排水能力取决于以下几个因素，其中管道的坡度和排水管道表面的粗糙度是因素之一。计算时，对于玻璃质的污水管和排水管，其摩擦系数 $n$ 通常取为 0.015。通过图 12.2 可以方便地确定出管径的大小。在这张图中，左边的线给出了径流量，右边的线给出了摩擦系数 $n$ 为 0.015 时的不同排水管坡度。用一条直线将这两条线上对应的数据连接起来，该线与中间那条线的交点读数即为所需的排水管径。这张图的具体使用方法见 12.8 节的例题。

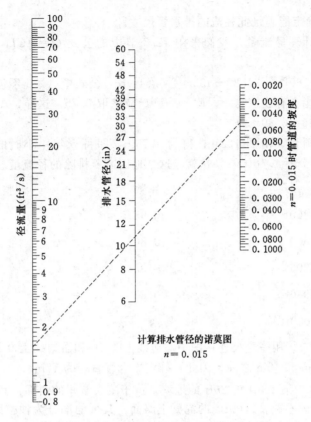

图 12.2　计算图形排水管径的诺莫图

（摘自美国工程兵军团编写的《工程手册》，1945 年 12 月）

## 12.8　暴雨排水系统的设计

如果已经在场地规划图上确定了积水坑和屋面排水路径，就可以布置地下排水管道了。这可能会包含一个或多个独立的排水系统，雨水有可能被排入排水沟、河流或公共下水道。设计的排水系统应该使排水管的总长度最短，而且管线应尽可能减少弯曲，在交叉处需采用 45°或 Y 形弯曲接头。

管道内底是管道内表面的最低点，当排水管线的位置确定以后，管道内底的标高就可以计算出来，并标注在图上。管道应敷设在冰冻线以下，并且应该有不小于 3ft 的覆土以保护管道不被上面通过的车辆压坏。管线平行于地表面铺设时所需要的挖方量最小。

在管道的起点，可由图 12.2 确定集水坑的大小和管道的尺寸。同时，要搞清楚场地周边的排水管道情况。排水管线通向排放处，它可以收集其他集水坑或支管的雨水。排水管道的尺寸应根据雨水量的大小而确定。

在估算来自周边的雨水量时，必须充分考虑周围空地建设后的情况。

【例题 12.1】　一块 200ft×300ft 的地块，位于俄亥俄州的南部，其上有 4360ft² 的建筑，6500ft² 的沥青碎石路，2200ft² 的混凝土人行道，其余的 46940ft² 为种植区，附近有一块 1/3acre 大的空地，其地表的径流汇集到这块 200ft×300 ft 的地块上。假定排水管的坡度为 0.005，确定能满足此径流的排水管尺寸。

**解：**第一步是计算径流量。我们采用 12.7 节中的公式 $Q=ACI$；径流系数 $C$ 列于表 12.1。

由于 1acre=43560ft$^2$，27880÷43560=0.64acre，公式中 $A×C$ 不包括闲置的 1/3acre 地，这块地以后可能会有建筑物，因此，系数 $C$ 应该取 0.75。这样，$A×C$=0.33×0.75 =0.25，0.64+0.25=0.89。

公式中 $I$ 为降雨量，由图 12.1 查得为 1.75in，即每 5 年一小时的总降雨量，这样 $Q=ACI$=0.89×1.75=1.56ft$^3$/s，这就是这个地区需要排除的径流量。

| | 面积（ft$^2$） | 系数 | | 调整后的面积（ft$^2$） |
|---|---|---|---|---|
| 屋顶 | 6360 | × 0.95 | = | 4150 |
| 碎石路面 | 6500 | × 0.80 | = | 5200 |
| 混凝土人行道 | 2200 | × 0.95 | = | 2100 |
| 草坪 | 46940 | × 0.35 | = | 16430 |
| | 60000ft$^2$ | | | 27880ft$^2$ |

现在根据图 12.2，用一直尺连接图中左边线上 1.56 和右边线上 0.005 两点，直尺与中间的线相交于 10in 和 12in 之间，因此，确定排水管直径为 12in。

习题 12.8.A　某 300ft×320ft 的地块，位于蒙大拿州的西部，其上有 6000ft$^2$ 的建筑，9000ft$^2$ 的沥青碎石路，2500ft$^2$ 的混凝土路面，其余的部分为种植区，另外，临近的地区有一块 0.5acre 的空地，雨水均排到这块地上。假定排水管的坡度为 0.008，确定其排水管的尺寸。

## 12.9　下水道和排水管

由于陶土管的价格相对来说较低，因此，小的下水道和排水管道常用陶土管。室内 10ft 以内的管道只能采用铸铁管。当排水管的直径超过 15in 时，常用混凝土和石棉水泥管。由于陶土管常被根茎等堵塞，所以一些专家建议陶土管的最小管径为 8in，但通常认为最小的管径可以为 6in。如果是家庭排水管道，通常采用直径 4in 的铸铁管。

## 12.10　停车场

由于交通拥挤导致越来越多的问题，因此，除了最小的建筑群外，最好能在建筑群周边设有停车场，这主要是为住户和来访者设计的。很多市政当局规定某些类型的建筑物周边必须设置相应的停车场，在设计停车场时，停靠的车辆不能阻挡街道的交叉处和弯道处的视线。

**注意：**停车场必须有合理的排水措施，最小和最大的排水坡度分别为 0.5％和 4％。地表水不能直接流到公路上，而应通过集水池或排水沟截流下来。

## 12.11　场地建设和排水

任何场地的建设，包括建筑，通常都会影响到场地的排水情况，这点可由场地地表的几何形状清晰地反映出来，同时也与很多其他因素有关。例如，由前面 12.6 节和 12.8 节的讨论可知，总地表径流与排出场地的地表特征是相关的。

在处理场地排水时一般要考虑施工方面的一些具体因素。一个典型的例子是水对地下室的影响。一般的处理方法是由建筑物周边向外形成斜坡，避免雨水从建筑物周边渗入地下，这对有地下室的建筑物是必需要考虑的，同时要避免雨水可能渗透过地下室墙壁。

场地建设中其他用途的设施同样可以用来作为排水设施，路边、挡土墙和长长的人工花坛的边缘通常都能起到引导排水的作用。铺砌的人行道和车行道，尤其是有高路边的人行道和车行道，在降大雨的时候可以用作排水沟。

当然，也有许多专用设施主要用来控制排水。排水管、排水明渠、集水池、排水区和路边排水是最常用的形式，下面将讨论其他的排水措施。

## 12.12　地下排水和周边排水

除了地表排水以外，有时候必须在地下土壤中设置排水道，原因有以下几点。

**1. 防止水的侵入**

较深的地下室经常采用这种方式。在这些地方，降雨量过多或连续灌溉会使接近地表的土壤达到饱和。地下室常用的构造措施是采用周边排水或底部排水，如图 12.3（a）所示，在建筑物周围略低于地下室底板处设置一明瓦管接入下水管道。

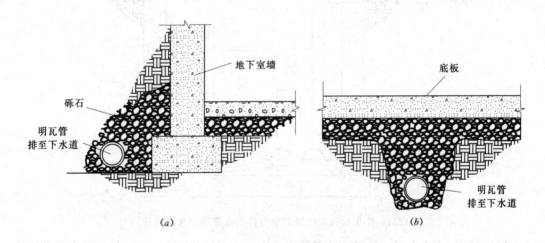

图 12.3　露缝接头明瓦管排水道的使用
（a）地下室周边排水；（b）沟渠中的地下排水管

**2. 防止挡土墙被水浸泡**

这种情况可能发生在地下室外墙或挡土墙背面。由于水的浸泡增加了墙上的侧向力，对地下室来讲，周边排水情况良好可以减轻这种不利的影响；对于挡土墙来说，也可以在墙后设计滤水管排水。然而，如果排水不通畅的话，对于挡土墙来说，最简单的方法就是在墙底的上部开设排水孔（渗水孔）。

### 3. 防止表层水在土壤中积聚

这种情况可能发生于露天场地,并会影响场地的使用,如棒球场、高尔夫球场、足球场或跑道,简单地说,可能发生在任何有积水便会造成麻烦的地方。它也可能发生在路面下,包括建筑物底层的地面下。

为了防止表层水的积聚,最简单的做法是在土层上部或路面底下采用透水性良好的土壤(多为砂和掺有少量细粒砾石)。这样做足以排出表层下积累的水,防止表层土壤或路面下层湿度过大。

在不可能或不能充分排除土壤内水分时,可能需要在表层下或路面下采用排水系统,即采用与周边排水相类似的明瓦管排水,如图 12.3 (b) 所示。

当然,周边和表层下排出的水必须汇集到某处进行处理,只有当露天排水系统下面有暴雨下水管道才能对上述雨水进行处理。如果没有条件的话,可以采用下面两节所介绍的方式。

## 12.13 集水坑

有时,在场地建设时不可避免地要在地面以下布设排水管用来排出污水以便处理,这种情况下常采用集水坑或集水井,最简单的结构如图 12.4 所示。

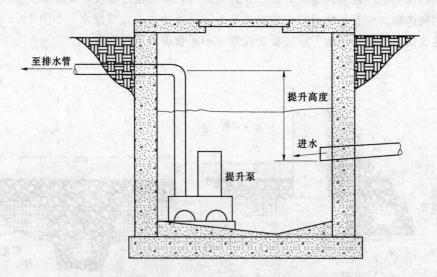

图 12.4 集水坑和用以提升重力排水水位的潜水泵的使用

集水坑可以完全布设于地下或顶部露出地面,在某些情况下,也可以安装在建筑物的底板下面。在任何情况下,集水坑都应当便于维修,例如经常清除沉积在坑底的物质。

大多数的集水坑内的水都排出到排水总管,集水坑的作用就是将水位提升,使之可以在重力作用下流到排水总管。设置集水坑的原因可能仅是所需排水的场地距离排水总管很远,排水管道需要一定的坡度,也可能是因为场地建设需要在较低的地方排水,如很深的多层地下室。

尽管排出的水主要排入排水总管,集水坑内的水也可以排入明渠,或排入到下节要讨论的设施中去。

## 12.14 明瓦管和排水井

地处农村的场地常常没有集中排水系统，这就要求我们对无论是来自于地表还是其他任何管道的水采取其他措施，如前两节所介绍的方法。

暴雨排水（相对于盥洗室排水）只要对构筑物或周边地区不造成危害就可以在场地较低处进行简单处理。如果建筑物或主要的表面可以在场地较高处排水，这将是一种最简单的方法。雨水可以通过排水管或仅通过地表或排水渠排出。

然而，偶尔也需要直接对水进行处理而无需表面收集，这主要是针对土壤的表层。当土壤具有一定的渗透性时，通常需要这样做，从而使水容易消散。这要求地下水的水位低于地表下一定的位置，即低于打算进行处理的位置，因为你不能往已饱和的土中加水。

在土中汇集水体的两种基本设施是明瓦管排水和排水井，明瓦管排水正好与周边排水和地表排水相反，通过明瓦管可方便地使排水管内的水流出，排水区的管线在一定范围的土中倾斜铺开以保证土壤吸收预期排水量。

尽管排水井的实际结构取决于排水总量、填充材料的选择与放置，但典型的排水井是由石块围起来的洞。随着时间的推移，一些细粒物质随着排水在井里沉积下来造成排水井堵塞，因此，它的有效使用寿命较短。但是，如果井径较大并且严格控制用来作为渗透材料的石块和砂砾的级配，排水井的寿命将会延长。

排水井也可建成开口井的形式，其侧壁用石头垒起，不用砂浆（松散堆砌），这种井的造价比较昂贵，但是其使用寿命也会延长，还可以定期冲洗细粒沉积物。

# 第 **13** 章

## 场 地 放 样

### 13.1 角度测设

在建筑放样中最受欢迎的测量仪器是望远镜可上下旋转的那种。普通经纬水准仪和精密经纬仪就具有这种功能的望远镜。如果使用的是普通水准仪,应该用垂球来定位。

建筑放样中,经常需要用仪器测设给定的角度。假定已知 $AB$ 线 [见图 13.1 $(a)$],要求确定距 $A$ 点 125ft,$\angle BAC$ 为 $42°30'$ 的 $C$ 点的位置。首先,将仪器置于 $A$ 点,水平度盘上的 0 点照准 $B$ 点,如 5.3 节所述。下一步,顺时针转动仪器 $42°30'$,在距 $A$ 点 125ft 的地方打一标桩。顺着仪器操作员所指示的方向,在标桩上按入一平头钉,该点即为 $C$ 点的位置。

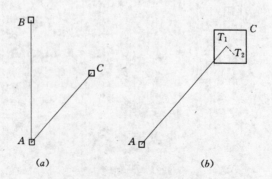

图 13.1 角度测设举例

如 5.3 节所述,现将 $\angle BAC$ 重测一次。假定我们现在所测的 $\angle BAC$ 的大小为 $42°28'30''$,这表明在按入大头钉时产生了 $0°1'30''$ 的误差,大头钉应该在右边稍远一点的地方。现在，我们来计算这一距离。参照自然正切表，我们得到 $1'$ 的正切值为 0.0003。因此，每分的误差为 $AC$ 的长度乘以 0.0003；每秒误差为 $AC$ 的长度乘以 0.000005。所以，对于本例 $0°1'30''$ 的角度误差，其修正距离为

$$1 \times 0.0003 + 30 \times 0.000005 = 0.00045$$

由于 $AC$ 长为 $125'$，所以总误差为 $0.00045 \times 125 = 0.056'$。

图 13.1（$b$）所示为 $C$ 点的标桩，$T_1$ 为第一枚大头钉的位置。通过计算，我们知道 $C$ 点的确切位置为 $T_1$ 偏右 0.056ft，所以量出这一距离（与 $AC$ 垂直），并打入第二枚大头钉 $T_2$，从而就确定了 $C$ 点的正确位置，这时应将第一枚大头钉移走。对于这类问题，当发现第一枚大头钉存在误差时，必须注意判断误差改正的正确方向。

## 13.2　建筑定线

建筑地块的边界应该通过在地块角部埋设界碑来建立，埋设界碑的工作应由注册测量师来做。场地平面图显示了边界的位置及其与拟建建筑物的距离。建筑工人找到地块的边界，并根据平面图上的尺寸，在建筑物角点上设置标桩，以此来确定建筑物的位置。这将产生一个或多个矩形，如图 13.2 所示的 $ABCDEFGH$ 区域。为了检查工作的正确性，可测量矩形两对角线的距离。如果没有误差，对角线的长度应相等。

## 13.3　龙门板

13.2 节所述的位于建筑物角点位置的标桩在基坑开挖时将被移位。为了保证其位置不变，可使用龙门板。龙门板一般放置在离建筑四周一定距离的地方（一般为 5ft 或 10ft），从而使其不受建筑基坑开挖的影响。

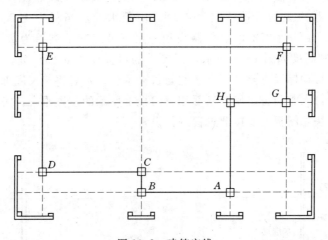

图 13.2　建筑定线

龙门板由紧紧打入地下的龙门桩（2in×4in 或 4in×4in）和横钉在其上宽为 1in 或 2in 的龙门板组成，如图 13.3 所示。龙门板上有一 V 字形切口，以使线绳或金属丝可以从一块龙门板拉伸到另一块龙门板上，线绳的交点正好位于建筑物角点之上。龙门板应该位于同一高度，且这一高度应同楼层平面相一致或与之成一定关系，其高程应如图 13.3 所示

清楚地标注在龙门板上。在基坑和基础施工期间应经常检查龙门板的标高，保证其未发生位移。

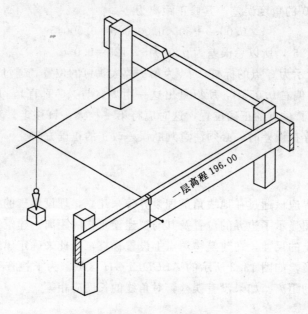

图 13.3　龙门板

## 13.4　龙门板的设置

用角点标桩为建筑定线以后，打入龙门桩。现在开始架设测量仪器，并使其在某一位置水平，从而使视线可以看到水准点和龙门板。例如，假定水准点高程为 197.53，一层标高为 196.00，水准点上的后视读数为 4.68。由于水准点高程为 197.53，因此仪器高（H. I.）为 197.53＋4.68＝202.21，仪器高和一层标高之间的高差为 202.21－196.00＝6.21ft。这些标高和高度如图 13.4 所示，标尺上的目标设于 6.21ft 处，标尺置于其中一根龙门桩旁，上下移动标尺直至水平十字丝与目标重合，然后将标尺底部的高度标注在龙门桩上，将龙门板钉入龙门桩，使其顶部和龙门板上所示的位置重合，可用木工水平尺使龙门板水平。对每块龙门板都要按此过程进行设置。

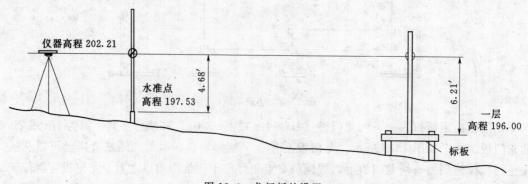

图 13.4　龙门板的设置

仪器现安置在建筑角点的一根标桩上,将建筑轴线投影以确定龙门板切口的位置。例如,仪器置于 $A$ 点之上(见图 13.2),照准 $B$ 点,这就确定了 $AB$ 视线,其中一个切口位于龙门板之上。一种快速但精度稍差的方法是站在 $A$ 点的右边,目视龙门板上的点。用这种方法所确定的点位,其误差一般不超过 1/8in。

## 13.5 柱基测定

当基坑开挖到其最低位置时,需要确定柱基中心位置并在其中心打入一标桩。可根据龙门板上的标志确定出柱脚中心位置。如果柱基比较大,就需要有自己的龙门板以确定其周线。对小型柱基,在离柱基周线整英尺的地方(2ft 或 3ft,视现场条件而定)按矩形打入标桩。为了便于把基坑开挖到合适的深度,打入的这些标桩使其顶部与基座顶部处于同一水平。为确定柱基中心位置,可用一根线从一根标桩拉到另一根标桩,也可用该线来确定其周线。

## 13.6 道路、车道定线

在道路和车道放样时,通常是沿道路的中心线打入一系列标桩。这些标桩沿其长度方向,以一定的间隔(25ft 或 50ft)在坡度发生变化处布置。这些点的高程可从场地平面图上获得。打入这些标桩时,其顶部应处于路面设计标高处,或处于设计标高之上整英尺处,并进行标注。首次打入标桩时,其顶部应高于设计标高几英寸。将目标设定的所要求高度的标尺置于标桩顶部,然后将标桩打入地下直至目标中心与仪器视线水平吻合。在直线型道路上,标桩可位于与路中心平行并在距路中心一定整英尺距离的支线上,以免在施工期间标桩受干扰。确定圆曲线和竖曲线上点位的方法分别见第 7 章和第 10 章。

## 13.7 等坡度斜坡

在具有等坡度斜坡的道路上设置一系列中间点的标桩时,可采用如下的方法:首先确定斜坡两端的标桩位置,并按要求的标高打入标桩。然后将仪器安置在其中一根标桩上,测出从标桩到望远镜中线的高度,然后将标尺上的目标置于这一高度,在等坡度斜坡的另一端标桩上立一标尺,现在转动望远镜使其水平十字线与目标重合,仪器的视线平行于道路的斜坡。不用改变目标位置,将标尺立于一系列的中间标桩上,标桩的打入深度应该使标尺目标中心与仪器视线吻合。

## 13.8 坡度测设

当平整场地使原有地表高程产生变化时,为了确定这些新的地表高程,通常需要设立很多的标桩。打标桩时,习惯上使标桩的顶部高出或低于设计高程的整英尺。标桩打好后,应该清楚地标明所高出或低于的整英尺数,如"4ft 填方"、"2ft 挖方",诸如此类。

## 13.9 管道测设

在管线测量时,首先将标桩以 25～50ft 的等间距打在管道的中线上。然后在其两侧足够远的地方(以防挖沟干扰)打入粗大标桩,并钉上长板使之跨越管线相连。将小木板的一边与管线中线对齐垂直钉在木板上。现将一枚钉子部分钉入垂直的标板上，并高出管道内底几英尺，内底是管道内表面的最低处。以高出内底的某一确定高度在钉子间拉条线，线旁立一垂直木板，使管线位于设计的标高处。管线布设图应该包括管道纵断面图，指明其在不同地方的高程，以及与地表的关系。

## 13.10　一般性的土方开挖

在建筑面积比较大的场地，施工的一般程序是先进行一般的土方开挖和平整工作。这一工作的对象可能是单一的、平坦的地表面，也可能由几个独立的、阶梯式的地面组成。如果涉及填方，更为贴切的称呼应该是"初步场地平整"。

这项工作的主要目的是为了简化测设和施工中各单体工程的基础开挖，这些工程通常为一大型、多个建筑组成的建筑群的一部分。这项工作通常也是施工过程中效率比较高的一个阶段，即采用开挖机械一次性进行施工，而不是多次为单体建筑进行重复施工。

这一阶段的工作，通常包括两种不同的测设，第一种测设是为指导工人按照场地断面图的要求进行平整和开挖；第二种测设是为场地上各单体工程而做的准备工作。很明显，在这种情况下，第二种测设工作要求的精度比较高。

## 13.11　整平场地

在完工前，场地开发的最后一项工作是平整场地，这主要指形成空地的最终表面，特别是将空地作为种植区时。

对那些比较宽阔的区域，这可能需要大量的测设工作，特别是当所涉及的地表比较复杂、绵延起伏或规划成阶梯式样的时候。另一种情况是空地面积比较小，场地上的构筑物（建筑、路缘等）已经有效地定义了空地的高度，这时几乎不需要设立标桩。

对大型场地来讲，最后的场地平整可分两个阶段完成。初步的整平，一般由施工承包商完成大致的平整工作，而最终的场地平整则由景观承包商用土壤形成表层，为地表覆盖物做准备，如草坪的种植等。

# 第14章

## 场地中的构筑物

场地开发可能主要包括对地表的改变，也可能要替换地表材料，以及引入新的植物。然而，也有可能需要修建各种形式的构筑物。场地的主要构筑物通常是建筑，但是在场地开发中也可能出现其他形式的构筑物。本章介绍了除建筑物以外的其他形式的构筑物，这些构筑物所使用的材料主要有石料、砖、混凝土、木料以及沥青。本章主要介绍这些材料在场地开发中的相关问题，而非实际的结构设计。

### 14.1 铺面

铺面可采用各种材料，其中常用的几种材料如下（见图 14.1）。

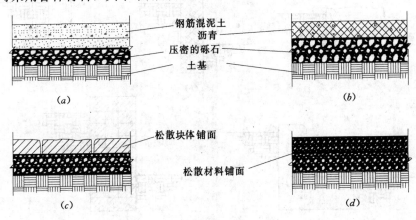

图 14.1　铺面形式

(*a*) 混凝土板；(*b*) 砾石上铺沥青；(*c*) 松散铺面；(*d*) 压紧的松散材料

**1. 混凝土**

混凝土是强度最高的铺面材料，可被用作重载路面和简单人行道的铺面材料。图 14.1（a）为一简单的钢筋混凝土铺面，下面一般为砾石和碎石薄层，形成较好的基底和排水层。可采用细钢筋制作单层的钢丝网片，厚些的铺面可采用双层钢筋网片。

**2. 沥青**

各种形式的混凝土与油类黏结剂（柏油等）可以用来做铺面。具体的材料、厚度及基层的处理取决于铺面所要求的耐久度和造价。

**3. 松散块体铺面**

砖块、大砾石、现浇的混凝土预制块、木块和其他的块状材料都可以铺在砂和砾石层上。这是一种古老的铺面形式，如果选用耐久材料及铺贴合理，它是非常耐用的。

**4. 松散材料**

砾石、碎石都可用作人行道或轻型载重区域的铺面材料，这种路面要求经常及时地进行养护。但是这种铺面非常实用，并可与场地自然地表很好地混合，例如原有地表、植物等。

需铺面的区域必须先平整到设计标高以下某一高度处，才可进行铺面施工。如果开挖后的天然土层不适宜作为铺面基层，就有必要向下继续开挖，并回填较好的填料，作为铺面的基层。

铺面，特别是混凝土或沥青等固体形式的铺面在暴雨时将产生大量的地表径流，调查地表排水时应慎重考虑此种情况（见第 12 章）。

## 14.2  支挡结构

场地开发经常涉及各种支挡结构的使用。这些支挡结构有助于形成地面高程的突变。支挡结构的形式与支挡结构两侧地表的高差有密切的关系。

高度最小的支挡结构为路缘石，它有多种形式，如图 14.2 所示。路缘石通常是区别不同地面单元边界的一种设施。它们常常设置在铺面边缘，因而通常与铺面材料和形式有关。铺面排水的形式也影响到路缘石的具体构造。

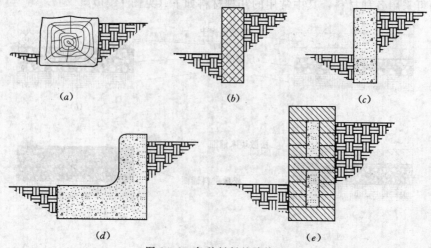

图 14.2  各种材料的路缘石

（a）木头；（b）石块；（c）混凝土——现浇或预制；（d）带沟槽的现浇混凝土；（e）砖

在地表高程变化不超过 18in（或 18in 左右）的情况下，可以采用路缘石。当支挡结构的高度增加时，需要采用其他的结构形式。

## 14.3 散块垒起的挡墙

当两地表的高程相差超过 18in 时，就需要采用一定形式的挡墙结构。这类支挡结构可由松散的石料或其他材料垒成（不用砂浆），如图 14.3 所示。这类结构必须按一定坡度堆垒在挖方体中，以抵抗地表较高一侧的水平力。

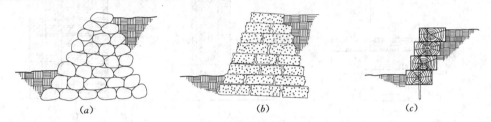

图 14.3 散块垒起的挡墙
(a) 现场的石料；(b) 混凝土块；(c) 木头

这类挡墙非常有效，施工也比较简单。利用场地中的石料或者木材，特别是与其他大量的天然材料，如土体或植物一起使用时，更加适用。

此类挡墙的最大优点就是其间的空隙可以使排水流畅，特别是在地表较高的一侧定期灌溉植物时，则更加有效。

## 14.4 悬臂式挡墙

悬臂式挡墙是刚度较大的支挡形式，其墙体结构由砖或混凝土构成，并锚固于一个较大的基座中，这类挡墙的常见形式如图 14.4 所示。

图 14.4（a）表示墙体最高可达 6ft 的结构形式（这里的高度指的是墙体两侧地表的高差）。其结构稳定性主要考虑旋转倾覆和水平滑动，这两种破坏都是由地表较高一侧的水平向土压力引起的。地表较低的一侧通常用来抵抗水平滑动。

可采用砖或混凝土建造较矮的挡墙。如果采用混凝土，墙体和基础通常采用钢筋混凝土，如图 14.4（a）所示；砖墙也可以按照类似的构造形式来建造，如图 14.4（b）所示；或采用重力式挡土墙的形式，主要依靠自身的重量来抵抗倾覆力的影响，如图 14.4（c）所示。

随着挡墙的增高，可采用阶梯式墙体，混凝土墙为突变式缩进，如图 14.4（d）所示；砖墙截面则为渐进式缩进，一般采用标准的砖块，如图 14.4（e）所示。

当挡墙比较高时，则需要用垂直于挡墙的肋墙来加固，如图 14.4（f）和 14.4（g）所示。如果肋墙位于墙背的一侧，这不影响挡墙正面的外观（尽管建在露天，地表较低一侧的挡墙通常较容易施工且经济，因为地表较高一侧的挖方或回填量较少）。

挡墙有时也作为建筑结构的一部分，支撑其他墙体，而这些墙体通常情况下是由其他建筑结构来支撑的。地下室墙体就是典型的支挡结构，虽然它并不是悬臂式结构，因为它同时连接地下室底板和第一层楼板，而这些楼板对地下室墙体则起到横向支撑的作用。

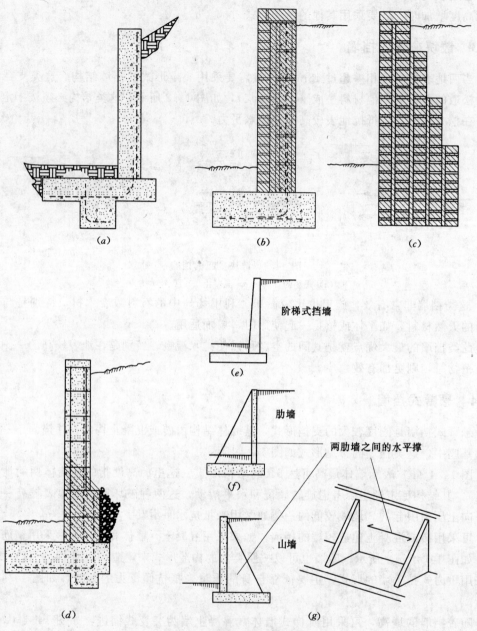

图 14.4　混凝土和砖石挡墙

(a) 矮的混凝土墙；(b) CMUs 配筋的矮砖墙；(c) 重力式
砖墙；(d) 高的混凝土墙；(e) 阶梯式砖墙；
(f)、(g) 带有支撑的挡墙

## 14.5　沟渠

地表排水逐渐流进沟渠。自然沟渠随着地表流淌最终会形成小溪和河流。在开发后的场地，通常需要设计新的沟渠来作为地表排水系统的一部分。

建造好的沟渠可以是封闭的，以管道或坑道的形式排水。在某些情况下，也可以建成明渠使水流进已有的污水管道系统或天然的河流和湖泊。明渠根据地表的形状而形成，但通常有底板和侧墙以避免水体长时间的冲刷和侵蚀。

图 14.5 为各种类型的明渠。对于景观场地，明渠通常建成类似天然溪流的样子。同时，为了同场地其他建筑材料保持一致，明渠也会采用其他一些更合适、更富有吸引力的结构形式。

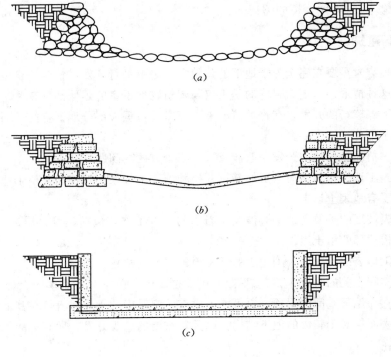

图 14.5　明渠构造
(a) 墙体和底部均为石块；(b) 墙体为混凝土块，底部为沥青；
(c) 墙体和底部均为现浇钢筋混凝土

最为牢固的沟渠，通常是钢筋混凝土结构，如图 14.5 (c) 所示。这种沟渠可以更有效地抵挡侵蚀。当暴雨可能产生较大的水流量时，也要求采用这种沟渠。

建成的沟渠通常都是当地防洪设施或暴雨排水系统的一部分。即使场地中的其他开发工作还在进行，这些沟渠也可以先修建好。无论如何，它们通常连接到场地以外，其设计、改造和利用受控于诸多因素。

## 14.6　隧道

大型工程的场地开发通常涉及一些地下隧道，下面是一些常见的隧道的例子：

（1）污水管道。小型污水管道通常由埋在地下的管线组成，常见的有钢管、铸铁管、纤维塑料管或陶土管。随着流量的增大，需要使用管径较大的管材，但是也可以采用隧道构造的形式。

（2）公用服务设施。出于各种原因，公共服务设施如煤气、水、电力、电话线可能需要埋在隧道内。采用隧道的一个优点就是管线比较容易维修和更换。

（3）行人和车辆交通。处于特别寒冷气候环境中的建筑群现在经常使用地下隧道将建筑物联系起来。隧道网也可以用于铁路、收集废物、运输系统，以及各种其他目的。

距地面较浅的小型隧道的建造比较简单。然而，建设任何隧道都应该与场地的其他开发工作，以及建筑物基础相协调。在已经栽种了植物的地方，隧道上覆土层的厚度必须能够满足植物生长的需要。

## 14.7　地下建筑

场地地表有时需要在完全处于地下的建筑空间之上进行开发，整个建筑位于地下时偶尔也会发生这种情形；但更为普遍的是仅仅与建筑物地下室的延伸部分有关。最常见的就是建筑物地下停车场的开发，在这种情况下，停车场占据大部分地下空间，而上部建筑只占场地的一小部分。

对于这一情况，场地的开发一般涉及以下三个方面的问题：

（1）为施工地下构筑物而进行的基坑开挖和施工。如果构筑物完全位于地下，可能需要将大量的现有地表土运走。

（2）地表坡度的重整。这势必涉及相当大的土方工作，包括建筑物周边土方的回填，以及地下结构顶部的填土工作。

（3）人工地表的开发。人工地表的开发通常要涉及植物、铺面等。

与地下空间有关的一个主要问题是其上部的结构，它并不是简单的上部建筑物的楼板，我们称它为地下空间的屋顶，它可能支撑有一定厚度的土层或直接在其上铺面用作平台或广场的表面。对于较大的地下结构，以及较重要的景观开发，所有可能的上部结构物都有可能存在。

### 1. 结构

与一般的屋顶相比，地下建筑物的顶板需要承受许多倍的重力荷载。此种结构本身属于现浇混凝土中最重的结构之一，还要加上很重的土体重量或因平台式和广场而产生的较大活荷载（在许多规范中为 150～250psf）。

另一问题常常是对结构总体高度进行限制，从而使其地下部分的埋深最小。所有这些都要求跨度比较小，其目的是使大跨体系尽可能地有效。虽然对于选择现浇结构体系来说，常规做法是可行的，但只有少数几种做法往往会更可行。其中，双层的无梁板体系和双层屋面板体系通常能够形成最光滑的底板和最小的埋深，因此比较受欢迎，特别是结构底板暴露时。

### 2. 防水

屋顶就是防水层，地下结构的平顶板通常在许多方面与其他的屋顶并没有多大的区别，均要求有防水层，同时，要求在任何可能产生渗漏的地方都应该做好防水和严格的密封。防水层必须加以保护，特别是在地下结构中，可能还会用到隔离层和隔气层。

地下屋顶的排水系统与传统屋顶的排水系统可能会有所不同，但是对其防水的要求一点都不少。排水系统的形式在某种程度上与屋顶上承载的物质（土或铺面）有关，也可能与地下结构整个排水系统的设计有关。在一些情况下，屋顶排水也必须依靠重力流淌，这就要求整个屋顶上部有一定的坡度和高差，以便顺利排出雨水。

至于墙和底板，如果有人居住的话，地下室的防水就更要重视。但是，地下室的中间层几乎不需要任何防水，其自身要么是防水的，要么根本就不防水。因此，在一般情况下，同地下室墙和底板比起来，这是一个关注比较少的问题。

### 3. 泥土覆盖的屋顶

当地下结构的顶部覆盖土体种植植物时，其防水问题就特别重要。降雨就已经使土壤变得潮湿，而植物的生长需要长期保持一定的湿度，因此，屋顶一直处于有水的状况。但是，排水系统一定要能够有效地防止植物根部土壤的饱和，使其免于腐烂。

这种情况下，另一个需要重点考虑的问题是要有足够深的填土以满足植物的正常生长。对于草地来说，所需的深度可能很小。但是，如果上部的植物大部分为树木时，所需的深度就比较大。为了减小深度，大型的植物和树木可以种植在特制的花坛内，这种花坛与埋深较浅的地下建筑空间融为一体。

图 14.6 所示为覆盖有土体的地下结构的一些特征。在这种情况下，只能种植一些比较矮小的植物。

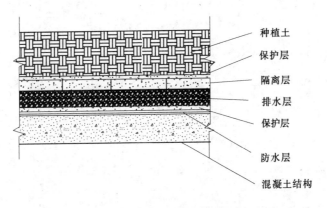

|  |  |
|---|---|
|  | 种植土 |
|  | 保护层 |
|  | 隔离层 |
|  | 排水层 |
|  | 保护层 |
|  | 防水层 |
|  | 混凝土结构 |

图 14.6　土质屋顶的典型构造

### 4. 铺面屋顶

当地下空间的顶部比较接近地表时，其顶部通常采用铺面的形式，形成平台或广场，或就是一般场地开发的一部分。许多大型的地下车库设计在公园、广场或其他的开阔地带的下面。这里的铺面与户外的铺面并没有根本上的不同，均采用通常的做法。其基础和持力层或许会有些不同，并且要与地下空间屋顶的整体构造相结合。图 14.7 所示为一位于地下结构上部的广场铺面的构造示意图。

同样的地下空间在其不同部分既可以覆盖土体，以用于种植，也可以采用铺面的形式。如果屋顶是水平的，为了建设这两种不同的表层结构，就要求对表层空间进行综合协调。

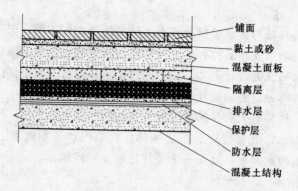

图 14.7 位于地下结构上部的广场铺面的典型构造

# 第15章

# 场地材料的管理

现有场地实际上相当于各种材料的汇总地。在场地开发的过程中，必须进行一系列的决策，这包括材料管理方面的决策。这些决策可能包括材料的移动、重新安排、调整或替换。现有场地的性质和开发的类型将决定场地需要调整的程度。

## 15.1 场地材料

广义上来讲，场地材料可以分为两大类：地下的和地上的。地下的主要有各种土体、岩石和地下水。对于那些前期已经开发过的场地，还包括各种地下构筑物。对于植物比较繁茂的场地，还可能有大量的植物根茎。

地表以上可能有一些树木或者其他植物。场地开发方案决定了是保留还是移植这些植物，这将在第16章详细讨论。如果要求保留这些植物，在场地施工时就必须制定详细方案以便保护植物的正常生长。地表的升高或降低、地表排水系统的较大调整，以及其他的改变都可能对场地上现有植物的生长产生严重的影响。

对于土质材料的相关事项见附录A，在附录A里同时也介绍了土的各种性质和鉴别的方法。土体一般都是天然的，但是也有些土体是经过处理的，实际上这在场地开发过程中也是经常需要的。

一般来说，现有的场地材料必须看作是在场地开发期间需要管理的材料的集合。现有的材料可能会被移动、替换、调整、改变位置，或简单地保持原状。

影响场地材料管理的因素如下：

（1）最终坡度的建立。如果场地地表必须填高或降低，将会需要运入或运出大量的材料。

（2）建筑基坑。对于有很深地下结构的大型建筑，在开挖基坑时需要运出较多的土体，这些土体可以用在场地的其他地方，否则需要制定出运输以及处理这些土体的详细计划。

（3）广泛的景观设计。大量的新植物生长需要运进大量的土壤。

（4）场地中的结构物。场地的大规模开发需要将土体挖掉，修建建筑物。

有关这些特殊问题和其他问题将在本章的后面讨论。这些问题常常会影响场地测量和地表调查所收集的数据类型和范围。

## 15.2 土体的运出

只要有可能，在建造最终地表时最好能够使挖填方平衡，这样就不需要大量材料的运进或运出。可是实际情况并不总是这样，有时还需要运进或运出大量材料。

当地表以下有重要的结构物时，大量土体的运出是很常见的。然而大多数的场地起伏不会很大，因为它们必须与相邻地快或街道的边界衔接。因此，此时因地下建筑的施工而挖出的土体就必须运出。

移出现有土体的另一个原因是由于某种原因而不需要这些土。为了种植植物、更好地支持铺面、排水或其他各种原因，现有的场地土可能无法使用或无法进行改造。

## 15.3 土体的运入

最理想的情况是，一个场地所需运入的土方量是另一个场地需要运走的土方量。当存在大量的建筑施工时，这种交换会经常发生。

植物生长所需的表层土可能从另一个上面有建筑、场地结构物和铺面的场地中运来。或者，将基坑所挖出的土方用来填高另一个场地的低洼部分。

当实际情况并非如此时，场地的开发可能要依赖于获得外部土体的可能性而定。

## 15.4 场地土体的改良

在场地开发中，现有的土体通常需要经过某种形式的处理才能使用。表层土作为地表可能需要清除碎屑、大的树根、岩块等。用作结构材料的土体，例如铺面基础或建筑基础的持力层，可能需要其他形式的改良。后一类形式的改良可能是为了提高土体的强度和抵抗沉降变形的能力、改变土体的含水性能，或者仅是为了改善土的一般稳定性。

各种形式的土体处理和处理的方法在附录 A 中的 A.6 节进行了详细的讨论。在准备运出场地土或是用别的材料代替场地土体前必须详细进行土体处理的可行性研究。

## 15.5 边坡稳定性

场地开发以及建筑施工经常使地表形成一定的坡度。当需要时，必须确定斜坡的最大坡角 [见图 15.1 (a)]。边坡的稳定性可能会因各种原因而受到怀疑。与场地土体材料有关的两个重要因素是：大量降雨或融雪径流对地表可能产生的侵蚀，以及由于重力作用土体发生下陷或滑动的可能性。

形成斜坡有两种不同的方法：一是开挖现有地表，二是从其他地方运入土体将地表填高。与侵蚀和滑动相关的边坡稳定性很大程度上取决于场地边坡土体的性质和斜坡附近土体的性质。对于挖方所形成的斜坡，一般已知土体的性质，最大坡度由土体的性质决定。

对于纯砂来说，尽管侵蚀可能很严重，但其最大的坡角很容易确定；对于岩石或一些非常坚硬的黏土来说，有可能做成垂直面甚至是洞穴；对于更为普通的表层土来说，必须通过对各种破坏机理的研究，从而了解斜坡表面侵蚀的可能性，在此基础上才能获得合适的坡角。

如果由于场地坡面改造并且回填材料形成边坡，则可通过选择和回填新材料的方法来改善土体。由侵蚀或滑动产生的土体流失通常和地表土的浸水和表层土相对比较疏松有关。控制边坡上土体浸水的影响有很多方法，如使用透水性弱的材料。

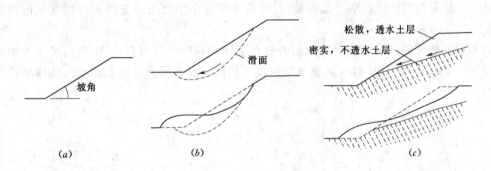

图 15.1 斜坡变形破坏示意图
(a) 最危险坡角；(b) 松散土体的典型破坏面 (c) 分层土坡的破坏机理

侵蚀是一个问题，场地的景观美化、排水、灌溉和各种形式的场地结构物（铺面、挡墙、植物、沟渠等）都和侵蚀问题有关。侵蚀的控制通常并不是地基基础问题，除非土体的流失或堆积引起了超载或侧向力的改变，或在特殊情况下引起了持力层的破坏。由于这可能影响到基础的稳定，基础设计者应该了解一般的场地开发。采取措施控制侵蚀通常是景观设计者和场地设计者的责任。

很多因素都能引起边坡上土体的滑动，但是最常见的一个原因是由于重力作用所产生的竖向运动，如图 15.1 (b) 所示。一般的破坏机理是斜坡上部的土体滑落，推动下部土体沿着坡面向下滑动。这种破坏形式的理论基础是把土体的滑动面假设为曲面，土体沿着曲面滑动，如图 15.1 (b) 中的虚线所示。对这类运动的分析为确定安全坡角提供了一种根据。

另一种常见的破坏形式是滑动面发生在两种不同的土层面上，如图 15.1 (c) 所示。典型的情况是相对比较软、渗透性比较好的土层位于密实、透水性差的土层之上。当上部土体饱和时，土体可能沿着普通的滑动面和两层土的界面的复合滑动面滑动。

大多数情况下，合理的坡角可凭经验确定。对比较大的工程、长坡和一些非常陡的边坡，应由有资质的岩土工程师根据地表和地下的详细勘测资料对整个场地和基础进行仔细的研究。

## 15.6  支护和开挖

浅基坑在开挖时两侧壁一般不需要支撑。可是当基坑开挖较深时，或者土体无黏性时，或者担心邻近结构物的基坑开挖或财产安全时，就有必要对开挖基坑的侧壁进行一定形式的支护。

　　一种支护方法是采用钢板桩，钢板桩由钢板桩单元相互锁扣组成。在基坑开挖前，分别将单桩打入地下，在施工结束后可收回再利用，或不回收使其成为永久结构的一部分。如果基坑较深，在基坑开挖过程中，就有必要对钢板桩的上部进行支护。

　　对于浅基坑或是允许基坑表面有较小的位移，则可以采用一种简单的支护形式，即将水平的厚木板堆在一起，称为套板或护壁板。这种方法是在基坑开挖过程中进行支护的，通常还设有垂直支护体来辅助护壁板，称为立柱梁，立柱梁必须有支柱支撑，如图 15.2 (c) 所示。如果基坑比较狭窄（如沟渠），可用水平向十字交叉的支撑来撑住基坑的两侧 [见图 15.2 (d)]。

　　对相对比较深的基坑或是严格限制开挖体表面位移时，可以打入 H 型钢桩作为加固梁 [见图 15.2 (e)]。这些打入的桩可以回收再利用，或者成为基坑侧面永久墙体结构的一部分。

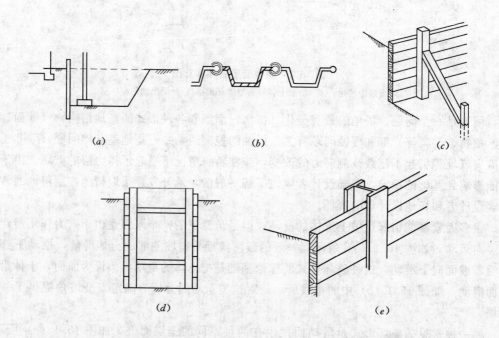

图 15.2　基坑支护常用材料
(a) 立柱；(b) 钢板桩；(c) 带立桩和斜撑的横木套板；
(d) 十字交叉支撑；(e) 带 H 型钢板桩的横木套板

　　位于城区的场地施工时，通常需要基坑支护。在那里，人行道、街道或邻近的地物如果受到破坏将是非常危险的。这类基坑支护的设计应该同地下建筑结构的设计紧密结合。基坑支护结构可以成为永久结构的一部分，地下建筑结构的内部构件也可以作为基坑侧壁的水平支撑，从而在施工中代替临时性的支撑构件。

　　地下水位比较高和出现不良土层，如软黏土、细砂或软粉土时，会使基坑的开挖变得非常复杂。这时，普通的基坑支护方法就不可行了。

## 15.7 场地施工中水的控制

场地施工，特别是涉及深大基坑时，必须在相对无水的环境中工作。当地下水位接近地表时，就需要采取某种降水措施，通常采用一些临时性的降水方法。

然而，在涉及加固边坡或其他工程时，降水则仅是为了改善湿土的性质。不管是出于什么原因，地下水位通常必须降到所涉及的土层以下几英尺。

降水的方法有多种，包括利用抽水机从土体中抽出水并排放到远离场地的其他地方。降水和处理抽水的方法取决于各种因素，主要因素如下：

(1) 所涉及土体的类型——渗透性小的土体，例如黏土，很难排水。

(2) 所涉及区域的大小和所需的排水量（总体积、流速）。

(3) 抽出的水排放在哪里？如何处理？

(4) 为保证施工降水所需的时间。

最简单的降水方法是在场地内挖坑或明渠，并使之低于受影响土体，当水渗出时，将其抽出。更好的方法是利用抽水井，抽水井打到被降水的土体以下，并利用抽水泵将水从地下抽出。

另一种处理地下水的措施是防水帷幕。防水帷幕由钢板桩或是泥浆墙组成。施工泥浆墙时，首先挖一沟槽，随后将挖出的土用膨润黏土泥浆代替。一旦完工，填入沟槽的膨润黏土就发挥作用，在土体内部形成一道泥浆墙，既可作为结构墙体，又可以阻止水的进入。如果需要永久的墙体，可利用混凝土地下连续墙，从而使地下连续墙体在整个过程中保持结构墙的作用。

对一些非常深的建筑基坑，无论是临时性的墙体还是实际的主体结构墙，都能用作阻止地下水从四周进入基坑的挡土墙，这就减少了在基坑施工期间处理基坑底部水的渗透问题。

# 第 **16** 章

# 景观美化问题

　　本章将简要介绍场地开发时总体景观设计中经常会碰到的一些重要问题，而并非一些简单的场地问题。完整的建筑场地开发通常都要包括场地的一般景观开发，它可以包括从简单的场地调整到场地的完全重建。场地工程的责任分工可能有多种不同的安排方法，那些具体负责场地工程的工程师可能要兼顾不同的项目。本章的内容不是阐述责任分工的问题，而是介绍一些与场地景观开发有关的工程问题。

## 16.1　一般景观美化工作

　　任何称职的景观建筑师都会由于被认为仅仅是处理有关种植和其他场地装饰问题而恼怒。实际上，景观设计是处理场地涉及的所有要素及其之间关系的总体过程，包括场地与建筑物间的相互影响以及与场地外围和周边环境的关系。尽管如此，本章却只是简单讨论直接影响场地工程的一些景观开发问题。

　　典型的景观工作包括场地地表的开发，如植被、便道以及其他各种构筑物。同时也可能包括用于灌溉的管道、喷泉以及用于照明的电线的安装。这些附属物的安装必须配合场地上的其他工作。

　　协调景观美化工作的一个重要方面与时间安排有关。有些工作应在设计阶段前期开展，而另一些工作则几乎要拖到施工结束后才开始。如果要保留场地现有地物，初步的景观设计工作应该尽早开始，从而确保在需要保护的场地地物（现存的树木、突出的岩石、小溪等）受到足够保护前没有进行较大的场地施工工作。

　　前期的场地调查（观察、拍像、仪器测量）应该包括可能涉及的景观的位置及其鉴别。再一次强调，在场地施工如建筑基坑开挖、临时设施的布置等开始之前，就应该把景观设计的初步计划确定下来。同时，移开地表上比较重要的物体，并储放起来以备后用。

当然，景观场地的修整工作也是施工阶段的最后一项工作。周密的规划应该避免在此阶段进行一些开挖及深埋设施的安装或地下管线的铺设工作。

## 16.2 种植的准备工作

种植有很多种形式，主要的形式如下：

（1）现有的植物——树及其他植被。

（2）刚种植的草坪以及其他形式的地表覆盖物。

（3）小的植物——花、灌木等植物在规划中的位置。

（4）树木以及其他大的灌木。

植物生长需要水、空气、免受破坏的保护，以及肥沃的土壤和相应的日照措施。场地表面和植物的重新安置以及施工都必须考虑现有需要保留下来的和将要种植的植物。

在有大量景观开发工作的场地，场地的前期调查应该包括与场地设计工作有重要关系的现有场地地物的注释和数据，其中比较重要的方面如下：

（1）现有正常生长的植物状况。

（2）现有场地物体，如较大的露石；地表排水及蓄水系统，特别是与现有植被有关的排水及蓄水系统（不加考虑的话将可能严重危害其持续生长）。

（3）现有可以生长新植物的地表土的性质与范围，特别是一些占地面积较大的草坪。

花草类可种在土层较浅处。然而，树木和一些大的灌木则需要一定深度的土壤以使其根须可以生长。在种植较大树木时，可能需要开挖较大的坑，因此应确保它们种植的位置与场地上其他建筑物相协调，特别是和埋设在地下的设施，例如污水管线的相对位置。

较大树木由于其根系的发育可能会影响到场地铺面和小型墙体，并有可能碰到管道和隧道。

一般来说，从场地的早期勘测到工程的施工完成，最好能协调好场地的景观开发和其他所有场地工程的规划。

## 16.3 景观美化中水的控制

大量、持续的灌溉会使场地土体的湿度发生很大变化，特别是在比较干旱的地区，由于湿度很小，大空隙结构的土体能够长期保持稳定，但是一旦土体饱和，就很容易发生塌陷。

考虑到这种情况，就应该改变地表排水条件，使排水沟远离生长旺盛的现有植被。大面积的新铺面结构将会阻止水和空气进入现有植物的根部。较大的地表高程变化要么会裸露树木根部，要么会深埋树木的根部。总的来说，对已有植物的保护不仅仅局限于施工期间。

新的排水方式可能会侵蚀现有的或新的地表土。必须全面研究由降雨和灌溉产生的所有影响，包括来自种植区的侵蚀。

如果地下结构对水比较敏感，则必须保护其避免受到地下水的侵蚀。地下电缆和地下室就属于这种情况。对此种情况，进行大量、持续灌溉就非常危险，此时需要协调设计方案，这可能包括重新考虑吸水量较大的植物的种植或采用专门的防水结构。

## 16.4　景观施工

从某种意义上讲，场地上的任何物体都是景观的一部分。然而，有些物体是专门为景观开发而建的，如花坛、喷泉、场地设施、灯光以及种植区的边缘设计等，这些均是场地规划中的一部分，并影响到场地挖填方的平衡，土体的运出、运进以及场地排水的设计。

对一个协调效果较好的设计，有些构筑物具有多种功能。停车场的路缘石可以用作种植区的边界，支撑结构（防止场地受到侵蚀）可以采用容易引起注意的材料，包括梯田式种植。

# 附　录

# 土　的　基　本　性　质

　　本章所介绍的内容是有关组成场地表层和地表以下的土体，并对土的性质进行了概略性的描述。这部分内容所参考的资料比较多，但大部分来自于《建筑地基简化设计》。

　　有关地球表层组成物质的信息有多种来源。来自农业、景观美化、公路和机场铺面、水道和堤坝建造，以及地球科学的基础知识，如地质学、矿物学、水文学等领域的人员和机构开展了科学研究，积累了相当丰富的经验，这对于一般场地工程很有帮助。

## A. 1　场地工程的土

　　与场地工程有关的土的一些基本性质如下。

### 1. 土的强度

　　土体对竖向压缩的抵抗能力是承载基础主要关心的问题。涉及风、地震、挡土结构所引起的侧向效应时，土体对水平向压力及滑动摩擦力的抵抗能力也是一个比较重要的问题。

### 2. 空间稳定性

　　土的体积很容易发生改变，其基本原因是应力和含水量的改变。这将影响基础和铺面的沉陷、坡面的膨胀或收缩，以及引起场地构筑物的位移。

### 3. 广义的相对稳定性

　　冰冻作用、地震震动、有机物的分解以及在场地施工期间的扰动也可以使土的物理性质发生改变。土体对这些作用的敏感度称为土体的相对稳定性。高敏感度的土体作为场地土可能需要改良。

**4. 土体的均匀性**

典型的土体在水平方向上是成层的。各层土在其组成和厚度上各不相同。同一场地不同位置，土体性质的变化也相当大。在任何重要工程设计之前所进行的前期勘察实际上就是对场地土体的成分、性质和土层剖面进行调查。根据场地本身的条件和场地拟建工程的性质，可能需要勘察到地下一定深度。

**5. 地下水条件**

各种条件，包括当地气候、与较大水源的距离，以及土层的相对孔隙率（土的渗透力）都会影响土的含水量。地下水可能影响土体的稳定性，而且与土体的排水、基坑开挖问题，以及灌溉问题等有关。

**6. 维持植物生长**

当场地开发包含大量新植物时，必须考虑现有地表土体对维持植物生长和影响灌溉系统的能力。现存的地表土体必须经常改良或替换以提供适合植物生长所需的环境。

下面讨论影响土体上述性质和其他场地开发相关的各种问题及其关系。

## A. 2　地下材料

**1. 土和岩石**

组成地壳的两种基本固体物质是土和岩石。在极端情况下，这两种物质的区别非常明显——例如，松散的土体和坚固的花岗岩。然而，要进行精确的分类就有点困难。因为一些高度压密的土体可能会相当坚硬，而一些岩石却相当地软，或有许多裂缝，从而使其很容易被分解。在工程实践中，土被定义为任何由相对易于粉碎的分散颗粒所组成的物质，而岩石则是任何需要强力挖掘的物质。

**2. 填土**

一般来说，填土是指那些被移置到场地上形成地表的材料。许多天然的沉积土就具有这种性质，但在工程上，填土这一术语主要用来描述人工填土或其他近期的沉积物。对填土所关心的问题主要是其形成时间的近期性和欠缺稳定性。填土可能会发生连续的固结、分解以及其他变化。场地最表层的土体很可能具有填土的特性。

**3. 有机物**

接近地表的有机物大多是一些腐烂的植物残枝。这对于新的植物的生长非常有用，但作为工程场地，其稳定性却不理想。含有丰富有机质的土体（通常称为表层土）对于景观美化来说是非常宝贵的资源，它可被运到那些有机质欠缺的场地上。至于作为铺面基础、场地构筑物或建筑基础，一般则是不理想的。

场地条件调查的另一目的是为拟建场地开发的材料管理，确定上述以及其他场地材料的清单。第 15 章对此做了详细的论述。

## A. 3　土的性质及分类

典型的土体由土颗粒、水、气体三部分组成，如图 A.1 所示。土体的一部分为固体颗粒，一部分为颗粒间的空间，称为空隙，空隙一般由液体（通常为水）和气体（通常为空气）组成。土体有几种重要的性质，可用上述三种成分的组成来表示，如下面所述。

### 1. 土的重度

一般地，形成土颗粒的大部分物质的单位密度的变化幅度很小，通常用土粒相对密度来表示，其范围为 2.60~2.75。砂土的土粒相对密度一般为 2.65，黏土大约为 2.70。值得注意的是含有大量有机质的土体，其土粒相对密度稍有例外。土粒相对密度是指土粒的密度同水的密度的比值，水的密度通常为 62.4lb/ft³ [1000kg/m³]。因此，对于干土样，其重度（γ）可由下面的公式求得

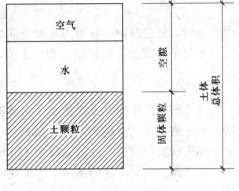

图 A.1 土的三相组成

$$土的重度 = 土颗粒体积的百分率 \times 土粒相对密度 \times 水的重度$$

那么，对于孔隙率为 30% 的砂土，其重度近似如下：

$$\gamma = \frac{70}{100} \times 2.65 \times 62.4 = 116\text{lb/ft}^3 = 1858\text{kg/m}^3$$

### 2. 孔隙比

与前面例子中空隙以百分比表示不同，一般用术语孔隙比 $e$ 表示，定义如下：

$$e = \frac{空隙的体积}{土颗粒的体积}$$

实际上，孔隙比通常由土的重度、土粒相对密度及空隙百分比的关系确定如下：如果

$$\gamma = \frac{土样的重力}{土样的体积} = 116\text{lb/ft}^3$$

那么，假定土粒相对密度（$G_s$）为 2.65，则

$$\gamma = \frac{土颗粒的体积百分率}{100} \times 2.65 \times 62.4 = 116\text{lb/ft}^3$$

$$土颗粒的体积百分率 = \frac{116}{2.65 \times 62.4} \times 100\% = 70\%$$

$$空隙的体积百分率 = (100 - 70)\% = 30\%$$

以体积的百分率表示空隙，则

$$e = \frac{空隙的体积}{土颗粒的体积} = \frac{30}{70} = 0.43$$

### 3. 孔隙率

空隙的实际百分比以土的孔隙率（$n$）表示。对粗颗粒的土（砂和砾），孔隙率通常是表示土的渗透性的指标。实际流出的水量由标准试验测得，但用土的相对渗透性来表示。当使用孔隙率时，可由下式简单确定：

$$n（百分比） = \frac{空隙的体积}{土的总体积} \times 100\%$$

那么，对前述的例子，$n = 30\%$。

### 4. 含水量

土样中含水的程度可用两种方法表示：含水量 $w$ 和饱和度 $S$。他们的定义分别如下：

$$w（百分比）=\frac{土样中水的重力}{土样中土颗粒的重力}×100\%$$

水的重力可通过秤湿土样重力及湿土样烘干后的重力简单确定。

类似于孔隙比，饱和度 $S$ 为一比值，定义如下：

$$S=\frac{水的体积}{空隙的体积}$$

当土的空隙中完全充满水时为完全饱和（$S=1.0$）；当水浮在一些土颗粒的上面而增加了部分饱和土的空隙体积时，过饱和（$S>1.0$）在一些土中是可能的。在上面的例子中，如果现场取得的土样的重度为 125lb/ft³，其含水量和饱和度分别如下：

水的重力＝原土样的重力－干土样的重力＝125－116＝9lb/ft³

那么

$$w=\frac{9}{116}×100=7.76\%$$

水的体积为

$$V_w=\frac{土样中水的重力}{水的重度}=\frac{9}{62.4}=0.144 \text{ 或 } 14.4\%$$

所以

$$S=\frac{14.4}{30}=0.48$$

组成土体固体部分的松散颗粒的大小对土的分类及其物理性质的评价是非常重要的。大部分土体都有一定的粒度范围，因此，对土详细的分类通常由土体中某一粒径的土颗粒的粒度百分比确定。

测量颗粒大小的两种常用方法是筛分法和沉淀法。所谓筛分法，即是使粉状的干土样通过一系列孔径越来越小的筛子，留在每一筛子上原土样重力的百分比被记录下来。最细的筛子为 200 号，其孔径约为 0.003in（0.075mm）。广义的分类即是根据通过 200 号筛子的土颗粒大小与所有留在筛子上的土颗粒的重力大小来划分的。那些通过 200 号筛子的土颗粒称为细粒，留下来的土颗粒称为粗粒。

细粒一般用沉淀法测定。沉淀法即是把干土样置于一密封的含水容器，摇动容器，测定土粒子的沉降速率。较粗的土颗粒几分钟内就会沉淀，而最细的土颗粒则需几天。

图 A.2 为一常用的记录土颗粒粒径特征的图。因为土颗粒粒径的变化范围很大，所以以粒径的对数为坐标。根据土颗粒的粒径特征对土的定名如图所示。这只是一种近似的命名，因为在分界处有些重叠，特别是对细粒来讲。砂和砾之间的主要区别用 4 号筛子来测定，尽管由粗粒组成的土有时也会通过相同大小的筛子。图中所示的曲线代表了土的某些典型特征，具体描述如下：

（1）良好级配土由粒径范围比较大的土粒组成其主体。

（2）均质土由粒径范围比较小的土粒组成其主体。

（3）超级配土其粒径范围非常大，而且其中某一粒组的土粒占的比率比较大，其余粒组只占了很小一部分。

这些粒组特征可由颗粒级配累计曲线图中的某些特征值确定。所用的三个粒径特征值为颗粒级配累计曲线与粒组含量为 30%、60%、10% 的交点处的横坐标，其值解释如下。

**1. 主要粒径范围**

小于某粒径（以 mm 表示）的土颗粒重力的累计百分含量为 10%，称该粒径为 $D_{10}$。

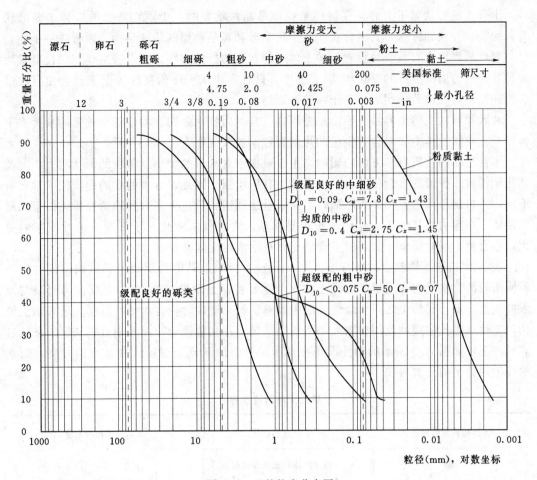

图 A.2 土的粒度分布图

这表示有 90% 的土颗粒粒径大于这一粒径。$D_{10}$ 又称为有效粒径。

**2. 粒径分级的程度**

均匀和级配良好土之间的区别可由颗粒级配累计曲线主要部分的斜率来判别。这一斜率可由粒组含量为 10% 的粒径与粒组含量为 60% 的粒径的比值表示。这一关系称为不均匀系数（$C_u$），其定义为

$$C_u = \frac{D_{60}}{D_{10}}$$

该值越大，颗粒级配累计曲线的粒径分布范围越广。

$C_u$ 的值并不能完全反映曲线在 $D_{10}$ 到 $D_{60}$ 之间的特征，也就是说，并不能确定土样为良好级配还是超级配，只是知道了级配。为了确定这两者之间的区别，又定义了另一特征值，称为曲率系数（$C_z$）。曲率系数用到了所有的三个粒径值 $D_{10}$、$D_{30}$、$D_{60}$，定义如下：

$$C_z = \frac{(D_{30})^2}{D_{10} D_{60}}$$

这些系数仅用于粗粒土的分类：砂和砾。对于级配良好的砾：$C_u$ 应大于 4，$C_z$ 介于 1～3 之间。对于级配良好的砂，$C_u$ 应大于 6，$C_z$ 介于 1～3 之间。

土颗粒的形状对于土的某些特性来说也是非常重要的。土颗粒常见的三种主要形状有：块状、片状和针状，其中针状非常少见。砂和砾是典型的块状结构，两者进一步的划分与颗粒的磨圆度有关。块状颗粒的土体对静载荷的抵抗力相当大，特别是当颗粒形状为棱角状时（与磨圆度好的颗粒相反）。然而，只有当块状土体为良好级配或包含相当数量的细颗粒时，在动荷作用下才易于移动和固结。

片状颗粒的土体很容易变形，压缩性高，其受力特性如同容器中随意放置的纸片或干树叶片。块状土体中如果含有少量的片状颗粒能够改变整个土体的性质。

水对土体的性质有多方面的影响，主要取决于含水量的大小、颗粒的形状与大小，及其化学性质。少量的水会使砂粒间的黏结力有所增强。因此，含水的砂的性质较平常有所不同，不再是松散的流动体。然而，当含水量达到饱和后，大多数的砂的性质类似于黏滞的液体，在重力或其他压力作用下很容易移动。含水量的变化对于细粒土的性质影响更大，它会使干燥时类似于岩石般坚硬的土体在饱水时视同液体。

表 A.1 描述了细粒土的阿特堡（Atterberg）界限，其值为反映土的结构特征的四个不同阶段的含水量的界限值。这类土的一个重要特征是塑性指数（$I_p$），其值为塑限与液限的差值。黏土和粉土之间物理性质的主要差别就是塑性阶段含水量的范围，这表示土的相对塑性。黏土的塑性范围相当大，而粉土一般不存在塑性阶段，几乎直接从半固态就过渡到液态，如图 A.3 所示的塑性图是在液限和塑限的基础上对粉土和黏土的分类，图上的线为两类土的分类界线。

**表 A.1　　　　　　　　　　　　　　细粒土的阿特堡界限**

| 土体结构特性描述 | 特征和性状 | 界限含水量 |
|---|---|---|
| 液态 | 黏滞液体；流动或极易变形 | |
| | | 液　限：$W_L$ |
| 塑态 | 浓奶油或牙膏状；可保持固有形状，变形而不产生破坏 | 塑性指数：$I_p$ |
| | | 塑　限：$W_p$ |
| 半固态 | 干奶酪或硬糖状；变形持久，但有破坏产生 | |
| | | 收缩限：$W_s$ |
| 固态 | 硬饼干；变形即碎 | （干后体积最小） |

与水有关的另一特性是水从土体中流出或抽取时的相对难易度。粗粒土很容易排水，或者说是透水性很好，而细粒土几乎不排水，或者说是不透水的，阻止水的流动。

土的结构可有许多分类方法。一个主要的分类是将土分为黏性土和无黏性土。无黏性土主要由砂和砾组成，分散的颗粒间无明显的黏结力，少量细粒的加入会使无黏性土在干燥时产生小的黏结力，但是黏结力会随着很小的湿度的产生而消失，随着细粒含量的增加，土体会变得越来越富有黏性，趋向于保持一定的形状直至完全饱和而成液体状态。

黏性土和无黏性土的极端代表是纯黏土和纯砂。一般的混合土介于这两者之间。因此，他们在确定土的分类界线时非常有用。对于纯砂来说，土的结构特征主要由三方面的性质来确定：颗粒形状（磨圆的、棱角状的）、级配特征（级配良好的、超级配的、均匀

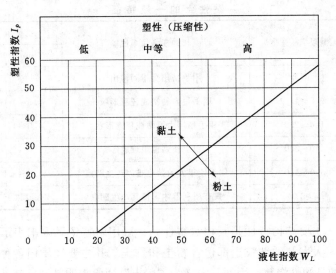

图 A.3　阿特堡极限塑性图

的）、土体的密实度或压密程度。

砂土的密实度与土颗粒是如何紧密连接在一起有关，本质上可用空隙比来表示。水、震动和压力的作用都会使颗粒的排列更为紧密。因此，同样的砂粒会由于密实度的不同而形成截然不同的土层。

表 A.2 给出了密实度的分类方法，它一般用来描述砂土从松散到密实的状态。表中也表示出了砂土的一般特征以及其承载力与密实度的关系。然而，如前所述，砂土的有效特征取决于其他方面的影响，主要为颗粒形状和级配。

表 A.2 无黏性土的一般特征

| 相对密度 | 击数 $N$<br>（击/ft） | 孔隙比 $e$ | 直径为 1/2in 杆所做的<br>现场简单试验 | 承　载　力 | |
| --- | --- | --- | --- | --- | --- |
| | | | | （kip/ft²） | （kPa） |
| 松散 | <10 | 0.65～0.85 | 手容易探入 | 0～1.0 | 0～50 |
| 中密 | 10～30 | 0.35～0.65 | 重锤容易击入 | 1.0～2.0 | 50～100 |
| 密实 | 30～50 | 0.25～0.50 | 重锤反复捶击可击入 | 1.5～3.0 | 75～150 |
| 极密 | >50 | 0.20～0.35 | 即使反复捶击，重锤也很难击入 | 2.5～4.0 | 125～200 |

另一个关心的问题是绝对的粒径，一般由 $D_{10}$ 和含水程度（$w$ 或 $S$）来确定。少量的水常会使砂土具有轻微的黏性，因为水的表面张力会使分散的颗粒连接起来。然而，当完全饱和时，砂粒很容易受浮力的作用从而大大地降低土体的稳定性。

土的许多物理和化学性质都会影响黏土的结构特征。其中最主要的是颗粒大小、形状、颗粒是有机物还是无机物。黏土的含水量对其结构有非常重要的影响，会使其从干燥状态下岩石般的坚硬，而在饱水时变成黏液状。相对于砂土的密度，黏性土的特性为其稠度，可表现为从非常软到非常坚硬。黏土的一般特征和其承载能力同稠度的关系如表 A.3 所示。

表 A.3                                                               黏 性 土 的 一 般 特 征

| 稠度 | 无侧限抗压强度 | 原状样现场简单试验 | 承 载 力 | |
|---|---|---|---|---|
| | | | （kip/ft²） | （kPa） |
| 极软 | ＜0.5 | 用手挤压会指间渗出 | 0 | 0 |
| 软 | 0.5～1.0 | 用手很容易塑成任意形状 | 0.5～1.0 | 25～50 |
| 中软 | 1.0～2.0 | 用手稍用力可塑成任意形状 | 1.0～1.5 | 50～75 |
| 硬 | 2.0～3.0 | 用手使劲也很难成形 | 1.0～2.0 | 50～100 |
| 极硬 | 3.0～4.0 | 用手使很大的劲也难以产生凹痕 | 1.5～3.0 | 75～150 |
| 坚硬 | ≥4.0 | 只有用利器才可使其产生凹痕 | 3.0 以上 | 150 以上 |

　　细粒土的另一主要结构特性是其相对塑性，一般用阿特堡界限来表示，并利用图 A.3 的塑性图来分类。大多数的细粒土都包含粉土和黏土，其主要性质用各种测得的特性来评价，其中最重要的是塑性指数。因此，定义为"粉土"通常表明其缺乏塑性（易碎、松散），而那些"黏性土"或"黏土"通常具有一定的塑性（甚至只有部分湿时就是可塑的）。

　　各种不同土的结构是由产生原生土的作用和土形成后其上的作用所共同形成的。含少量细粒物质的粗粒土会使胶接的粗粒物成弧形排列，从而形成所谓的"蜂窝状"结构。有机物的分解、电解作用，或其他的因素都能引起由块状和片状颗粒所组成的混合土形成大空隙，称为"絮凝状"结构。这些土的结构特征如图 A.4 所示。水相沉积物中的粉土和砂，例如那些沉积在干涸的溪底和池塘的沉积物，如果所测得的孔隙比相当高，应该推断为这种情况。

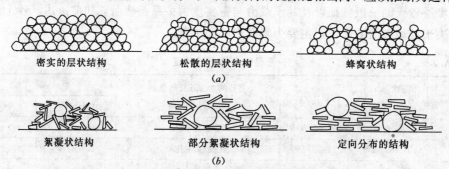

图 A.4　不同结构土体中颗粒的排列组合示意图
(a) 无黏性土；(b) 杂粒土

　　只要没有预期的不稳定因素，蜂窝状结构和絮凝状结构的土体可能具有相当大的静力强度，作为地基使用是完全合适的。然而，突然、非自然的含水量的增加或较大的振动都会破坏其间脆弱的连接，从而导致土体的固结。如果影响的土体范围相当大，地面或基础将会产生很大的沉降。

　　对于两种基本类型的土：砂和黏土，其在应力作用下的特性有很大差别。除非受到约束，否则砂对应力几乎没有抗力。想一想，一小把干砂和压入一坚实容器内的砂在应力作用下的不同特性就会明白。而黏土则相反，直至达到液态，在自然状态下对应力有相当大的抵抗力。然而，如果将一干硬的黏土破碎，其行为就类似于松砂，直至水的加入。

概括起来，对于这两类土，其结构性的基本特征及影响其基本特征的重要特性如下。

**1. 砂**

在没有约束的情况下，对应力的抗力很小；主要的应力抗力为剪切抗力（颗粒摩擦的内锁作用）；重要的特性为内摩擦角（$\phi$），贯入阻力（$N$），重度和空隙比，颗粒形状、主要颗粒粒径及级配。在高含水量时承载能力有一定程度的减小。

**2. 黏土**

主要的应力抗力为张应力；一般所关心的是软、湿黏土（避免土体的流动或渗出）；重要的特性为：无侧限压缩强度 $q_u$、液限 $W_L$ 塑性指数 $I_p$ 以及相对稠度（软～硬）。

我们必须提醒读者注意上述特征是对纯砂和纯黏土而言，其通常代表了土类型范围的外界。一般的土都含有一定量的三种基本成分：砂、粉土和黏土。因此，大多数的土既不是完全黏性的也不是完全无黏性的，而是同时具有这两种基本极端情况的部分特征。

对某一特定土样的更为细致的分类涉及土的许多特性。现有的许多分类系统，适用于各种不同的目的。三种最为广泛使用的分类系统为：美国农业部所用的三角形结构体系；以其创始者美国各州公路管理者协会命名的 AASHO 体系；以及所谓的美国统一分类系统，其主要由地基工程部门所采用。每一种体系都反映了创始者的一些基本理念。

统一分类系统涉及土体的应力和变形问题、开挖与降水问题，稳定性问题，以及地基设计者关心的其他问题。三角形图解法涉及土壤的侵蚀、持水性和耕作的难易度等。AASHO系统则主要是有关于土作为铺面的基层材料的有效性，既包括自然沉积的土，也包括人工填土。尽管统一分类系统是针对地基设计而言的，他同其他的分类体系还是有某些共同之处的。一个主要的原因是在某些情况下，有关场地的信息可以从公路或农业部门获得，而这些信息对初步分析和设计可能是有用的，或者在进一步确定场地勘察的类型和程度时有一定的作用。因此，具有将一种分类体系转换为另一种分类体系的能力是很有好处的。

图 A.5 所示为三角形图解法体系，它以图表的形式给出，很容易确定不同类型土的分类界限。它完全是根据土的粒组百分含量进行分类的，由于在非常细的砂和粉土以及粉土和黏土之间可能有重叠，因此，它只是一种近似的分类方法。但是，对农业部门来说，这点并不像在地基工程中那么重要。如同粒组在土的初步分类中非常重要一样，地基设计者也必须知道土的一些其他的特性，例如颗粒形状和级配、含水量、塑性等。

使用三角形图解法时，首先要在三角形的边上找出土样中三大粒组的百分含量，并将这三点投影到三角形内，其交点必定落在某一分类范围中。如果交点靠近分类的边界，土样就同时具有边界两边土类的某些特征。例如，一土样含有 46% 的砂粒（可能包括一定量的砾粒）、21% 的粉粒、33% 的黏粒，将落在"砂质亚黏土"的范围内。但是，却又靠近"亚黏土"的边界，因此，在自然界中，其特性应该介于两类土之间。如果告诉地基设计者场地土介于这两类土之间，他就会在这两类土的边界处找一近似点，然后将其投影到三角形的边上，得到砂粒、粉粒、黏粒的近似百分含量。这一信息可使设计者推断场地土作为地基土的基本性质，并能估计在做场地土调查时还需要了解哪些信息。

三角形图解法的用途之一是观察不同粒组的百分含量达到什么程度以后就会影响土样的基本性质。例如，对于砂土，必须相当干净（没有细粒）。同样，颗粒越细，他们对土体的性质的影响就越大。

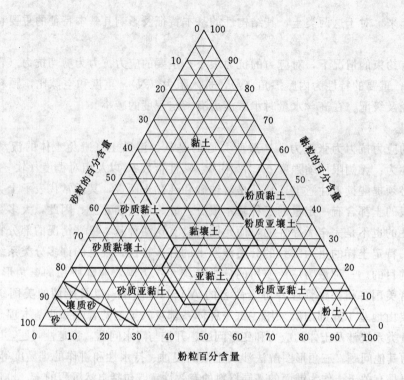

图 A.5 美国农业部的三角分类图

AASHO 体系如表 A.4 所示。所用的三组基本数据是粒组分析、液限和塑性指数，后两者只与细粒土有关。基于这些数据，对土进行了分类，并对其作为铺面基层材料的有效性进行了对比，从极好的铺面基层材料——砂和砾到较差的黏土都进行了对比分析。尽管同三角图解法相比，该方法能够提供更多的信息，特别是对细粒土来说，但这一体系用在地基设计时也有一定局限性。AASHO 体系在评价场地土作为斜坡、小路或其他场地的铺面基层材料的有效性方面是非常有用的。同三角形图解法一样，这种分类体系在评价土样的结构性方面只能给出一个概略性的结果，其价值在于对土体进行更详细的调查能给出一个指导性意见。

统一分类体系如图 A.6 所示。这种分类体系将土分为 15 类，每一类用两个字母定义。同 AASHO 体系一样，统一分类体系所用的基本数据是粒度分析、液限和塑性指数。因此，从数据源上讲，他并不比 AASHO 体系优越多少，但是他在对土的结构特性的确定方面提供了更为详细的信息。

这些分类体系没有一个能够提供足够的信息用于地基设计，而只是提供一个非常保守的近似值。所缺乏的主要是关于土的结构特性方面的直接测试（例如砂土的惯入阻力或黏性土的无侧限压缩强度），特别是场地土没有被扰动时的情形。因此，从分类体系中所获得的信息必须加上从场地调查、原位测试和室内试验所获得的信息才能提供一个工程设计所需的全部数据。

建筑规范和工程手册经常采用一些简化的分类体系，以提供一个规范的分类体系或者推荐给地基设计和其他结构设计作为标准。

| 大类 | | 土组符号 | 典型名称 | 分类标准 | |
|---|---|---|---|---|---|
| 粗粒土（留在200号筛子上的多于50%） | 砾石 粗粒部分留在.4号筛子上的大于50% | 纯净砾 | GW | 良好级配砾和砾-砂混合料 | | $C_u=D_{60}/D_{10}$, 大于4 $C_z=\dfrac{(D_{30})^2}{D_{10}D_{60}}$, 1～3 |
| | | | GP | 不良级配的砾和砾-砂的混合料，无细粒或微含细粒 | | 不满足 GW 的两个条件 |
| | | 带细粒砂 | GM | 粉土质砾，砾-砂-黏粒混合料 | | 阿特堡界限位于"A"线下方或塑性指数小于4 |
| | | | GC | 黏土质砾，砾-砂-黏粒混合料 | | 阿特堡界限位于"A"线上方同时塑性指数大于7 |
| | 砂 粗粒部分通过.4号筛子的大于50% | 纯净砂 | SW | 良好级配的砂和砾质砂，无细粒或微含细粒 | | $C_u=D_{60}/D_{10}$, 大于6 $C_z=\dfrac{(D_{30})^2}{D_{10}D_{60}}$, 1～3 |
| | | | SP | 不良级配的砂和砾砂，无细粒或微含细粒 | | 不满足 SW 的两个条件 |
| | | 带细粒砾 | SM | 粉土质砂，砂-粉土混合料 | | 阿特堡界限位于"A"线下方或塑性指数小于4 |
| | | | SC | 黏土质砂，砂-黏土混合料 | | 阿特堡界限位于"A"线上方同时塑性指数大于7 |

分类依据（中间列）：以细粒的百分比为分组依据。GW、GP、SW、SP GM、GC、SM、SC 分类界限要求使用双符号。通过200号筛子的不超过5%；通过200号筛子的超过12%；通过200号筛子的颗粒百分比为5%～12%。

虚线部分的阿特堡界限图是分类的两个界限，因此需用双符号表示。

| 大类 | | 土组符号 | 典型名称 |
|---|---|---|---|
| 细粒土（通过200号筛子的等于或少于50%） | 粉土和黏土 液限≤50% | ML | 无机粉土，极细砂，石粉，粉土质或黏土质细砂 |
| | | CL | 低、中塑性无机黏土，砾质黏土，粉土质黏土，贫黏土 |
| | | OL | 有机粉土和低塑性有机粉土质黏土 |
| | 粉土和黏土 液限≥50% | MH | 无机粉土，云母或矽藻土质细砂或粉土，弹性粉土 |
| | | CH | 高塑性无机黏土，肥黏土 |
| | | OH | 中、高塑性有机黏土 |
| 高有机质土 | | Pt | 泥炭、腐殖土和其他高有机质土 |

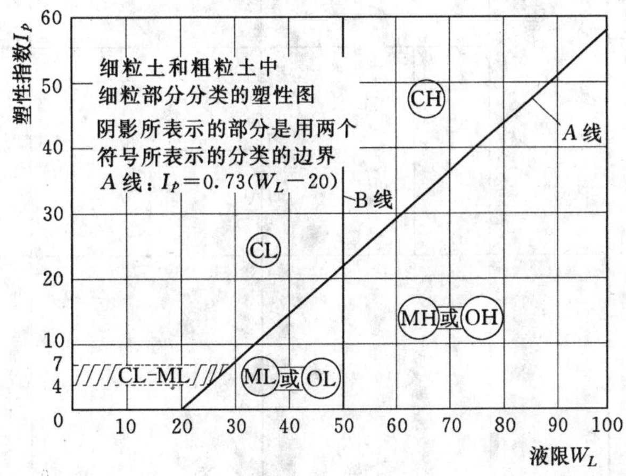

细粒土和粗粒土中细粒部分分类的塑性图 阴影所表示的部分是用两个符号所表示的分类的边界 A线：$I_p=0.73(W_L-20)$

图 A.6 美国统一分类体系 ASTM 体系 D2487

**表 A.4**　　**美国道路协会对土和土体的分类—AASHO体系 M-145**[①]

| 大类[①] | 粒状颗粒（通过 200 号筛子的少于或等于 35%） | | | | | | | 黏粉粒（通过 200 号筛子的大于 35%） | | | | |
| --- | --- | --- | --- | --- | --- | --- | --- | --- | --- | --- | --- | --- |
| 组 | A-1 | | A-3 | A-2 | | | | A-4 | A-5 | A-6 | A-7 | |
| 组 | A-1-a | A-1-b | A-3 | A-2-4 | A-2-5 | A-2-6 | A-2-7 | A-4 | A-5 | A-6 | A-7-5 | A-7-6 |
| **筛下样品含量（%）：** | | | | | | | | | | | | |
| 10 号筛子 | >50 | | | | | | | | | | | |
| 40 号筛子 | >30 | >50 | <51 | | | | | | | | | |
| 200 号筛子 | >15 | >25 | >10 | >35 | >35 | >35 | >35 | <36 | <36 | <36 | <36 | <36 |
| **通过 40 号筛子部分的特征：** | | | | | | | | | | | | |
| 液限 | | | | <40 | <41 | <40 | <41 | >40 | <41 | >40 | <41 | <41 |
| 塑性指数 | >6 | >6 | N.P.[②] | <10 | <10 | <11 | <11 | >10 | >10 | <11 | <11 | <11 |
| 常用分类名称 | 漂石~砂砾石 | | 细砂 | 粉粒或黏粒砾和砂 | | | | 粉土 | | 黏土 | | |
| 地基土特性 | 非常好 | | | | | | | 相当差 | | | | |

① 分类步骤：以实验数据为依据，从左侧到右侧，先符合为准。左侧第一个首先符合实验数据的就是正确的分类。A-7 组按塑限又划分为 A-7-5 和 A-7-6。如果 $W_p < 30$，就属于 A-7-6；如果 $W_p \geq 30$，就属于 A-7-5。

② N.P.：无黏性。

## A.4 特殊土问题

本书所给出的关于土的基本性质及应力特性的讨论对许多一般的土已经足够了。关于更多特殊土的情况是地基设计主要关注的内容。一部分特殊土可根据当地的气候和地理环境预测。任何想在地基设计方面承担主要工作的人都应该学习比本书所讲内容更为深入的土力学。下面就引起特别关注的一些特殊问题加以讨论。

### 1. 膨胀土

长期干旱的气候条件下，细粒土通常会收缩到最小的体积，有时还会在土体中产生竖直裂缝并延伸到一定的深度。当雨量较大时，两种现象的出现会对土的结构造成影响。一是吸水使土体膨胀，这会对结构物产生相当大的向上或侧向压力；二是水会通过竖直裂缝快速渗到下层土体中去。

土体的膨胀会对基础产生很大的应力，特别是当其所产生的应力不均匀时，由于铺面、景观美化等，这种情形很普遍。这些应力的补偿取决于建筑结构的细部构造、基础类型和土体的相对膨胀性。在这种现象比较普遍的地区，地方性的建筑规范通常提供了对这种土体的处理措施。如果遇到这种情况，建议最好进行试验以确定其膨胀性能，让有经验的地基设计工程师对测试的结果以及进行地基设计必须考虑的问题进行审核。

### 2. 湿陷性土

一般来说，湿陷性土是指那些具有大孔隙的土体。湿陷的机理实质上是一个快速固结的一部分，因为在大孔隙条件下，维持大孔隙的部分土体被移动和改变了。非常松散的砂当其含水量突然改变或受到震动摇晃时，就会表现出这种特性。实际上，更为常见的情形是那些由细颗粒物质形成多孔结构的土。这类结构的土在干燥时强度相当大，但是当含水量急剧增加时，就很快溶解。连接的结构也会被震动和超压应力破坏。

这类行为通常局限于有限的几类土，并且当土样有较大的孔隙率时就可预估到。另外，湿陷现象通常是一种地方性现象，并会在当地的建筑规范和实践中给予特别的考虑。处理湿陷土有两种常用的方法，一是向土的孔隙中填土以增加其稳定性，减小湿陷发生的可能性；另一种方法是用震动、浸水或其他的手段使土体在施工之前塌陷。当场地坡度较大时，可将土暂时放置在场地一定深度处，将其作为地基持力层的土体在较大的压力作用下产生明显的变形。后一种方法只有在静应力能够引起土体相当大的固结时才有效。

## A.5 土体改良

在建筑物的建造过程中，对现有土质的改良有多种方法。场地的平整、场地上建筑物的修建、地表上大面积的铺面、植物的种植，以及灌溉系统的安置和连续运行都会使场地条件发生变化。这些变化，无论是近几个月或近几年发生的，同几千年来由自然因素所引起的土质变化是一样的。地质环境的突然变化很可能对土体产生重要的影响，引起土质的重要改变，特别是那些近地面的土体。最为主要的土体环境改变就是建筑物的建造。

为了完成建筑施工，或者说为了补偿由于建造所产生的对土体的扰动，或者在某些情况下为了避免将来可能出现的一些问题，有时很有必要人为地对土质进行改良。最为常见的改良方法是通过压密、前期固结、水泥灌浆等方法增大土的密度。这种类型的改良方法是为了提高土体的承载力和减少沉降，或者为了避免将来可能出现的沉陷、滑坡、侵蚀等形式的破坏。另一种常用的改良方法与地下水和湿度条件有关。地表被建筑物覆盖，灌溉系统和场地排水系统的设置，以及在建造期间其他任何的降水措施，都会引起场地土的这类变化。人为改良方法可能会改变土体的渗透性或含水性能。粗细颗粒混杂的土体中的细粒物质可能会随水流失从而使土体的黏性降低；细粒物质也可能混入由粗粒物质组成的土体中，使其透水性降低或使土颗粒胶接成为更为稳固的整体。

在许多情形下，作为场地建筑材料的土体可能会被移走，而其他的材料又被运入场地来替换它们。为了使铺面的基层材料或建筑结构附近的材料更为合适，这种情形会经常遇到。在某些情况下，可能会先将土体移走，使其发生某些变化，如重压、加入某些材料等，然后又重新放回原地。

一般来说，必须把场地地表的材料看作建筑材料。这些材料或许有用或许没用；或是为了改善其特性而需要特殊的处理；也可能为了某些目的被运到场地别的地方；或是被运到别处而被更为有用的其他材料替换。基于这一点，场地土的初勘可以看作是列出潜在建筑材料的清单——来自于大自然的礼物。

当大自然不是如此慷慨时，就要对地基进行处理，其主要处理技术不是用于建筑施工和一般的场地开发，具体叙述如下。

**1. 挖土置换**

现有的地表材料经常被移走和置换，即使在现有的地表等高线并不一定要有很大改变的时候。更适合于植物生长，或更适合作为铺面基层的土体被运到场地中。有时，也可以通过用压密的砾层置换基底相对较薄的土层从而快速提高土体的承载力。对相对比较小的基础，基底竖向压力扩散很快，就可以采用一般土体作为基础的持力层。另一情况是基础结构下部的土体在施工时很难作为工作面。在后一种情况下，一般基坑底部可能要开挖得更低一些，放置砂砾层以便提供更好的工作面。在某些情况下，降水也可作为土体改良的一种方法。

**2. 压实**

压实主要用来减小土层的孔隙。对表层土处理的一般方法是浸湿法、碾压法、夯实法联合采用，并用各种机器和设备使土体固结，从而形成密度较大的表层或较好的铺面基层。有时也给基坑注水使大孔隙的持力层土软化塌陷，以避免以后因过渡灌溉所产生的塌陷。有时也会在底层土体中钻孔以提高土体的透水性。当进行较大的坡度改造或地表土将用于地表重建时，大量的土体堆积会导致非常大的重力从而使地表附近的土体固结。对非常松散的无黏性土来说，震动会使土颗粒堆叠在一起，因此是减小孔隙的一个有效方法（见图 A.4 所表达的情形）。

**3. 渗透**

对某些类型的土，特别是松砂，一种处理方法是向土体加入某些填料以填补孔隙，并为松散的颗粒提供联结力。水泥和斑脱土是两类颗粒非常细的材料，可作为大孔隙土的填料以取得这种效果。

除了一些非常简单的表层土处理方法以外，所有的改良方法只有在有经验的岩土工程师的建议下才能采用。

## A. 6  设计标准

对一般的承载型基础设计来说，土的几个结构特性必须被确定，主要指标如下。

**1. 容许承载力**

容许承载力是指持力层表面所能承受的最大竖向压应力值，通常以磅每平方英尺或千磅每平方英尺为单位。

**2. 压缩性**

土的压缩性表示土的体积压缩容易程度，它决定了基础的沉降量，其定量的表达一般用基础实际的竖向沉降量表示。

**3. 主动土压力**

主动土压力是作用在支挡结构上的使支挡结构向外产生位移的水平向压力，可形象地作为一种等效流体压力的最简单形式，其大小可用等效流体的重度来表示或土体重度的百分比来表示。

**4. 被动土压力**

被动土压力是由墙前的土体提供作用在挡土墙上以抵抗来自墙后的土压力。它也可以形象化地看作是随着深度呈线性变化的等效流体压力，其大小通常用随深度增加的单位压力来表示。

**5. 摩擦阻力**

摩擦阻力是作用在基础底面的接触面上抵抗滑动的力。对于无黏性土，通常用摩擦系数乘以压力来表示；对于黏土，则用以磅每平方英尺所表示的单位值乘以接触面积来表示。

地基沉降的计算相当复杂，它超出了本书的范围。但是最好能知道可能引起沉降的环境，而关于沉降量的计算则应该由富有经验的岩土工程师来完成。

只要有可能，作为完整的场地勘察的结果，应力极限值应该确定，其推荐值由有资质的岩土工程师给出。大多数的建筑规范允许使用所谓的"假定值"作为设计值，这些是比较保守的平均值，那些规范中已经有明确分类的土体可能使用这些值。

表 A. 5 是统一分类体系中所有的基本土类型的信息总表。其所表示的信息归类如下。

**1. 重要特性**

这是与土分类或应力—应变关系有直接联系的一些特性。

**2. 简单野外识别**

这是在缺少测试情况下对土分类所用的各种性质。这些性质也可验证由场地勘察报告所提供的和地基设计所假定的土体与实际施工所遇到的土体是否一致。

**3. 一般特性**

这是一些近似值，最好是经过场地勘察和试验验证的，但作为初步设计是合适的。应力值通常是建筑规范所推荐的近似范围。

**表 A.5    统一分类体系中土的特性和推荐设计值一览表**

| 描述 | 砾，良好级配；无细粒或微含细粒 | | | 砾，不良级配，无细粒或微含细粒 | | | 粉土质砾和砾-砂-粉土混合料 | | |
|---|---|---|---|---|---|---|---|---|---|
| ASTM分类体系（见图 A.6） | GW | | | GP | | | GM | | |
| 重要特性 | 留在 200 号筛子（0.003in）上的超过 95% 留在 4 号筛子（3/16in）上的粗粒部分超过 50% $C_u>4$ $1<C_z<3$ | | | 留在 200 号筛子（0.003in）上的超过 95% 留在 4 号筛子（3/16in）上的粗粒部分超过 50% 达不到良好级配所要求的 $C_u$ 或 $C_z$ 值 | | | 留在 200 号筛子（0.003in）上的为 50%~88% 留在 4 号筛子（3/16in）上的粗粒部分超过 50% 阿特堡界限位于 A 线下方或塑性指数 $I_p<4$ | | |
| 现场鉴定 | 绝大部分为粗糙的岩石碎片；易碎；快速排水；粒度分布范围广 | | | 绝大部分为粗糙的岩石碎片；易碎；迅速排水；粒度分布范围小或超级配 | | | 砾，但利用力就可结块；湿样品在分解前不可塑或微塑；缓慢排水 | | |
| 一般特性 | 松散（$N<10$） | 中密（$10<N<30$） | 密实（$N>30$） | 松散（$N<10$） | 中密（$10<N<30$） | 密实（$N>30$） | 松散（$N<10$） | 中密（$10<N<30$） | 密实（$N>30$） |
| 容许承载力（lb/ft²）（最小 1ft 超载） | 1300 | 1500 | 2000 | 1300 | 1500 | 2000 | 1000 | 1500 | 2000 |
| 荷载增量（%/ft） | 20 | 20 | 20 | 20 | 20 | 20 | 20 | 20 | 20 |
| 最大值 | 8000 | 8000 | 8000 | 8000 | 8000 | 8000 | 8000 | 8000 | 8000 |
| 侧压力 主动土压力系数 | 0.25 | 0.25 | 0.25 | 0.25 | 0.25 | 0.25 | 0.30 | 0.30 | 0.30 |
| 被动土压力（lb/ft² 每英尺深度） | 200 | 300 | 400 | 200 | 300 | 400 | 167 | 250 | 333 |
| 摩擦力（系数或 lb/ft²） | 0.50 | 0.60 | 0.60 | 0.50 | 0.60 | 0.60 | 0.40 | 0.50 | 0.50 |
| 重度（lb/ft²）干态 | 100 | 110 | 115 | 90 | 100 | 110 | 100 | 115 | 130 |
| 饱和态 | 125 | 130 | 135 | 120 | 125 | 130 | 125 | 135 | 145 |
| 压缩性 | 中等 | 低 | 极低 | 中等 | 低 | 极低 | 中等 | 低 | 极低 |

| 描述 | 黏土质砾和砾-砂-黏土混合料 | | | 砂，良好级配；砾砂；无细粒或微含细粒 | | | 砂，级配不良；砾砂；无细粒或微含细粒 | | |
|---|---|---|---|---|---|---|---|---|---|
| ASTM 分类体系（见图 A.6） | GC | | | SW | | | SP | | |
| 重要特性 | 留在 200 号筛子（0.003in）上的为 50%~88%留在 4 号筛子（3/16in）上的粗粒部分大于 50%阿特堡界限位于 A 线上方或 $I_p>7$ | | | 留在 200 号筛子（0.003in）上的大于 95% 上的粗粒部分大于 50%$C_u>6$，$C_z=1\sim3$ | | | 留在 200 号筛子（0.003in）上的大于 95% 通过 4 号筛子（3/16in）上的粗粒部分大于 50%$C_u$ 和 $C_z$ 不满足良好级配（SW） | | |
| 现场鉴定 | 砾，但结成硬块，需用很大力气才能弄碎；湿样分解前具一定塑性；非常缓慢地排水 | | | 相当干净的砂，粒度范围广；易弄碎；快速排水 | | | 相当干净的砂，粒度范围窄或超级配；易弄碎；快速排水 | | |
| 一般特性 | 松散（$N<10$） | 中密（$10<N<30$） | 密实（$N>30$） | 松散或软（$N<10$） | 中密（$10<N<30$） | 密实或坚硬（$N>30$） | 松散或软（$N<10$） | 中密（$10<N<30$） | 密实或坚硬（$N>30$） |
| 容许承载力（lb/ft²）（最小 1ft 超载） | 1000 | 1500 | 2000 | 1000 | 1500 | 2000 | 1000 | 1500 | 2000 |
| 荷载增量（%/ft） | 20 | 20 | 20 | 20 | 20 | 20 | 20 | 20 | 20 |
| 侧压力 最大值 | 8000 | 8000 | 8000 | 6000 | 6000 | 6000 | 6000 | 6000 | 6000 |
| 侧压力 主动土压力系数 | 0.30 | 0.30 | 0.30 | 0.25 | 0.25 | 0.25 | 0.25 | 0.25 | 0.25 |
| 被动土压力（lb/ft² 每英尺深度） | 167 | 250 | 333 | 183 | 275 | 367 | 75 | 150 | 200 |
| 摩擦力（系数或 lb/ft²） | 0.40 | 0.50 | 0.50 | 0.35 | 0.40 | 0.40 | 0.35 | 0.40 | 0.40 |
| 重度（lb/ft²）干态 | 110 | 120 | 125 | 100 | 110 | 115 | 90 | 100 | 110 |
| 重度（lb/ft²）饱和态 | 125 | 130 | 135 | 125 | 130 | 135 | 120 | 125 | 130 |
| 压缩性 | 中等 | 低 | 很低 | 中~高 | 中等 | 低 | 中~高 | 中等 | 低 |

续表

| 描述（ASTM 分类体系，见图 A.6） | 粉土质砂和砂-粉土混合料 SM | | | 黏土质砂和砂-黏土混合料 SC | | | 有机粉土、非常细的砂、岩粉、粉土质或黏土质细砂 ML | | |
|---|---|---|---|---|---|---|---|---|---|
| 重要特性 | 留在 200 号筛子（0.003in）上的为 50%～80% 通过 4 号筛子（3/16in）上的粗粒部分超过 50% 阿特堡界限位于 A 线下方或 $I_p<4$ | | | 留在 200 号筛子（0.003in）上的为 50%～80% 通过 4 号筛子（3/16in）上的粗粒部分超过 50% 阿特堡界限位于 A 线上方或 $I_p>7$ | | | 通过 200 号筛子（0.003in）上的为超过 50% $W_L\leq50\%$ 阿特堡界限位于 A 线下方或 $I_p<20$ | | |
| 现场鉴定 | 砂土；块状可用一定力弄碎；湿样分散前具一定塑性；缓慢排水 | | | 砂土，不易弄碎；湿样分散前具一定塑性；缓慢排水 | | | 低塑性细砂；缓慢排水；干块易弄碎，不能塑成条状 | | |
| 一般特性 | 松散（$N<10$） | 中密（$10<N<30$） | 密实（$N>30$） | 松散或散（$N<10$） | 中等（$10<N<30$） | 密实或硬（$N>30$） | 松散或软（$N<10$） | 中等（$10<N<30$） | 密实或硬（$N>30$） |
| 容许承载力（lb/ft²）（最小 1ft 超载） | 500 | 1000 | 1500 | 1000 | 1500 | 2000 | 500 | 750 | 1000 |
| 荷载增量（%/ft） | 20 | 20 | 20 | 20 | 20 | 20 | 20 | 20 | 20 |
| 最大值 | 4000 | 4000 | 4000 | 4000 | 4000 | 4000 | 3000 | 3000 | 3000 |
| 侧压力 | | | | | | | | | |
| 主动土压力系数 | 0.30 | 0.30 | 0.30 | 0.30 | 0.30 | 0.30 | 0.35 | 0.35 | 0.35 |
| 被动土压力（lb/ft² 每英尺深度） | 100 | 167 | 233 | 133 | 217 | 300 | 67 | 100 | 133 |
| 摩擦咇（系数或 lb/ft²） | 0.35 | 0.40 | 0.40 | 0.35 | 0.40 | 0.40 | 0.35 | 0.40 | 0.40 |
| 重度（lb/ft²）干态 | 105 | 115 | 120 | 105 | 115 | 120 | 105 | 115 | 120 |
| 饱和态 | 125 | 130 | 135 | 125 | 130 | 135 | 125 | 130 | 135 |
| 压缩性 | 中等 | 低 | 低 | 中等 | 低 | 低 | 中～高 | 中等 | 低 |

续表

| 描述 | CL | | | OL | | | MH | | |
|---|---|---|---|---|---|---|---|---|---|
| ASTM分类体系（见图 A.6） | 瘦黏土；低-中塑性无机黏土；砾质黏土；砂质黏土；粉质黏土 | | | 低塑性有机粉土和有机质粉质黏土 | | | 无机粉土，云母或硅藻土质细砂或粉土，弹性粉土 | | |
| 重要特性 | 通过 200 号筛子（0.003in）上的不小于 50% $W_L$≤50%阿特堡界限位于 A 线上方，$I_p$<7 | | | 通过 200 号筛子（0.003in）上的不小于 50% $W_L$≤50%阿特堡界限位于 A 线上方或下方，$I_p$<20 | | | 通过 200 号筛子（0.003in）上的不小于 50% $W_L$>50%阿特堡界限位于 A 线下方或 $I_p$<20 | | |
| 现场鉴定 | 细粒土，低塑性；缓慢排水；干块状相当硬，但难以弄碎 | | | 细粒土，低塑性；缓慢排水；干块状相当硬，但难以弄碎，有轻微腐臭味 | | | 细粒土，低塑性；缓慢排水；干块状相当硬，但难以弄碎 | | |
| 一般特性 | 软 | 中软 | 坚硬 | 松散或软（$N$<10） | 中软或中密（10<$N$<30） | 密实或坚硬（$N$>30） | 松散或软（$N$<10） | 中软或中密（10<$N$<30） | 密实或坚硬（$N$>30） |
| 容许承载力（lb/ft²）（最小 1ft 超载） | 1000 | 1500 | 2000 | 500 | 750 | 1000 | 500 | 750 | 1000 |
| 荷载增量（%/ft） | 20 | 20 | 20 | 10 | 10 | 10 | 10 | 10 | 10 |
| 侧压力 最大值 | 3000 | 3000 | 3000 | 2000 | 2000 | 2000 | 1500 | 1500 | 1500 |
| 主动土压力系数 | 0.40 | 0.50 | 0.75 | 0.75 | 0.85 | 0.95 | 0.50 | 0.60 | 0.75 |
| 被动土压力（lb/ft² 每英尺深度） | 267 | 467 | 667 | 33 | 50 | 67 | 33 | 50 | 67 |
| 摩擦力（系数或 lb/ft²） | 500 | 750 | 1000 | 250 | 375 | 500 | 200 | 300 | 400 |
| 重度（lb/ft²）干态 | 80 | 95 | 105 | 75 | 90 | 100 | 70 | 85 | 100 |
| 饱和态 | 110 | 120 | 130 | 95 | 105 | 115 | 100 | 110 | 120 |
| 压缩性 | 高 | 中~高 | 低 | 高 | 中~高 | 中等 | 极高 | 高 | 中~高 |

续表

| 描述 | CH 肥黏土；中塑性无机黏土 | | | OH 高-中塑性无机黏土 | | | Pt 泥炭、腐植土和其他高有机质土 |
|---|---|---|---|---|---|---|---|
| ASTM分类体系（见图A.6） | CH | | | OH | | | Pt |
| 重要特性 | 通过200号筛子（0.003in）的不小于50%　$W_L>50\%$　阿特堡界限位于A线上方或 $I_p>20$ | | | 通过200号筛子（0.003in）的不小于50%　$W_L>50\%$　阿特堡界限位于A线下方 | | | 高有机质土　低密实度 |
| 现场鉴定 | 细粒土，低塑性，湿态时具黏性，可塑成任意意形状而不破坏；不具流动性；不透水；干块极硬很难弄碎；高压缩性 | | | 细粒土，中～高塑性，湿态时具黏性，可塑成任意意形状而不破坏；不具流动性；不透水；高压缩性；有轻微腐臭味　干块极硬有碎 | | | 含有大量的植物根系或动物排泄物；有强烈的腐臭味；缓慢流动；高压缩性 |
| 一般特性 | 软 | 中软 | 坚硬 | 软 | 中软 | 坚硬 | |
| 容许承载力（lb/ft²）（最小1ft租载） | 500 | 750 | 1000 | 500 | 500 | 500 | 不可用 |
| 荷载增量（%/ft） | 10 | 10 | | 0 | 0 | | |
| 最大值 | 1500 | 1500 | | 500 | 500 | | 不可用 |
| 侧压力 | | | | | | | 不可用 |
| 主动土压力系数 | 0.75 | 0.85 | 0.95 | 0.75 | 0.85 | 0.95 | 0.30 |
| 被动土压力（lb/ft² 每英尺深度） | 33 | 100 | 167 | 33 | 33 | 33 | 不可用 |
| 摩擦力（系数或 lb/ft²） | 200 | 300 | 400 | 150 | 200 | 200 | 不可用 |
| 重度（lb/ft²）　干 | 75 | 90 | 105 | 65 | 85 | 100 | 70～90 |
| 　　　　　　　饱和 | 95 | 110 | 130 | 90 | 110 | 125 | 90～110 |
| 压缩性 | 极高 | 高 | 中～高 | 极高 | 高 | 中～高 | 极高 |

## A.7 填土

在一般的场地开发中经常需要用土体进行填方。这种情况通常是场地的某一部分要填高到某一新的人工表面［见图 A.7（a）］，为此需要绘制纵断面图，把场地其他地方需要开挖以形成新坡度而产生的土运到凹陷区域作为填方。如果所需填方量大于挖方量，或者说场地土不适合时，则需从别的地方运送填方材料。

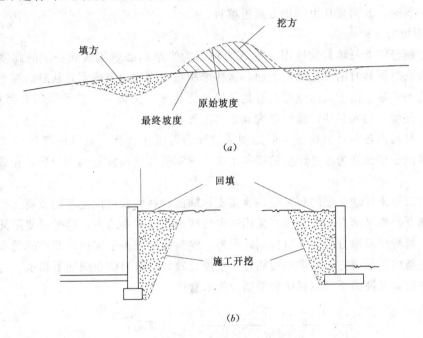

图 A.7　场地建设中填方的利用

（a）整平小山包；（b）作为场地施工坑的回填土方

在大多数情况下，填方土体的选择和处置必须加以一定的控制。一旦施工结束，一件要关心的事就是保持设计的坡面不变。如果填土上有铺面或其他的场地结构物时就更应该注意这个问题。一般来说，即使是规范允许，将建筑基础置于回填土之上也是不可行的。

为了避免填土表面发生沉降（称为表面下陷），必须采用某些方法来压密填方材料。这一工作通常用机械来完成，分层进行压实，最后达到设计地表高程。

压实所用的设备和方法取决于土的类型、压实的面积以及土体体积所需减小的程度。后者以孔隙为零的土作为比较对象，用土的压实度来表示。实际上使孔隙为零很难实现，因此，作为重要的压实，压实度在 90%～95% 就可以了。

压实效果比较好同时又具有作为填方材料的其他特性的土体一般仅局限于粗粒占主体的土和细粒含量比较少的土（粉砂、含粉土和黏粒的砾类等）。由于要对填方进行快速排水，因此土的细粒含量受到严格限制。当场地土不具备这些特性时，则需要对土体进行改良；否则，就要用外来的材料。

**1. 回填**

一种特殊的情形是将土体填到结构物周围，这种情况是施工开挖的超挖［见图 A.7

($b$)]。这种填方称为回填，回填的位置由其目的所决定，包括如下几个方面：

(1) 防止人工地表沉陷导致邻近结构物的地表发生预期不到的沉陷。

(2) 防止对结构物的破坏，特别是墙体表面的不透水部分。

(3) 铺设排水管线的周界。

这些或其他特殊目的的实现可能会影响回填土的选择、压实度或其他回填位置的详细情况。实际上，通常的做法是可将开挖的土体堆放在附近用于回填。但是当这些土体不适合作回填材料时，就需要从别的地方运进填料。

**2. 铺面填方**

铺面工程经常涉及填料的使用。图 A.8 所示为当铺面必须填筑到一定的高度且要求有稳固的表面时所具有的典型结构剖面。这些堆积在一起的地层通常是从对表层土体的处理开始，这些表层土由于天然坡度的开挖已经暴露出来。土体的表层可能需要经过改良，例如压实、浸湿、加入某些物质以增大其密实度等。

铺面本身可由各种材料构成，但是如果铺面为混凝土、沥青或瓷砖等比较坚硬的表面，其直接的底层通常为经过压实的粗粒土层。压实的程度通常与铺面的形式和载重类型有关。

如果铺面距未扰动土层的距离短，直接支撑铺面的材料就可以是基层填料。但是，如果地表距离开挖面必须有一定距离，采用这种特殊填料就有些昂贵，这时可使用某些中间的回填层。这种填高填方必须加以控制，另外，控制程度取决于铺面和载重的类型。

更为复杂的铺面填方通常需要使用排水性能比较好的材料防止铺面下积水。当积水情况比较严重时，在铺面下的填料中就要铺设排水管道。

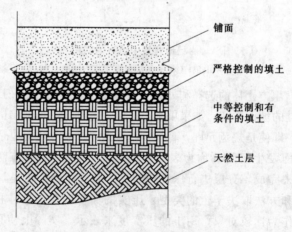

图 A.8 铺面填方结构示意图

## A.8 用于景观美化的土

完整的场地开发通常涉及对整个场地表面的控制性开发。没有被建筑物覆盖的地表一般由铺面或植物覆盖。前一节讨论了坚硬铺面的情况，它通常要用土料作为实际铺面的填筑基层。

**1. 松散的铺面材料**

一种特殊类型的铺面是采用松散的土料，例如土路或砾石路面。这种路面既可以简单铺设，也可以像铺设坚硬铺面那样细致地铺设，用到图 A.8 所示的所有地层，仅是用松散的铺面代替坚硬的铺面材料。好的铺面材料，以及好的基层材料，有可能从场地内获得，但是这种可能性一般很小，通常要从别的地方运进所需材料。尽管这些材料一般比较松散，但是如果上层经过一定的压实，这种铺面的表层就更耐用。

松散铺面所用的材料取决于载重类型和要求的外观。人行走道的基层可以是一些碎料，如树皮、砖块或渣块。好的"土"路一般用砂和少量的有助于压实的粉土铺成。机动车道通常要求采用颗粒相对粗一些的土，另外，含有一定量的细粒有助于车辆通过时对路面的压实。

**2. 表土层**

表土层自然地存在于许多场地上，那里植物已经生长了很多年。所谓表土层，其主要成分是有机物，通常包含许多部分分解的植物。尽管表土层的成分变化相当大，但它们一般都维持植物的生长。

场地种植区的开发需要有维持植物生长的土壤。这类土的具体特性与所要种植的植物有关，需要某些特殊的养分和水。有时候非常普通的表土层就足够了，有时候又需要严格加以控制。

在具有合适表层土的场地中，如果不需要平整地表或堆放挖方，这些表层土一般都被保留下来。在建设铺面或其他构筑物时，表层土也可能要被移走，因为高有机质的土不适合作为结构物的基础。如果一个场地的现有表层土不需要全部利用，有时就会将其开挖出来卖给其他需要的场地。

场地开发使用的表层土有时来自于对现有土质加入添加剂进行特殊处理所形成的土。典型的添加剂包括肥料或化学物质以增加土的养分，以及其他各种能减小土的密实度从而提高排水或持水性的物质。

# 术　语

下面是本书中所涉及的建设场地的常用专业术语，如果想进一步了解其含义，可按照索引在文中找到更为详尽的解释。

**后视**（Backsight）：在水准测量中，已知高程点某高度的读数。见前视（见图8.1）

**标板**（Batter boards）：连接在打入地面的标桩上的水平板，作为场地位置或高程临时固定的参照物。

**方位线**（Bearing of a line）：在水平面上一条线同正北方向的夹角。

**水准点**（Bench mark）：已知并有记录高程的永久点。

**集水池**（Catch basin）：在雨水进入污水管前用来收集雨水的设备（井、水灌等）。

**链尺**（Chain）：一种古老的测量工具，由很重的金属链组成。

**闭合导线**（Closed traverse）：见导线。

**指南针**（Compass）：用来确定北方向的工具。

**等高线**（Contour）：地图上具有相同高程的点的连线。

**等高距**（Contour interval）：地图上等高线之间的高差。

**挖方**（Cut）：降低场地表面高程，见填方。

**基准点**（Datum）：高程和等高线的参照水平面，通常为海平面。

**磁偏角**（Declination, magnetic）：在地表的某一特定位置，真正的北向同指南针北极的夹角。

**偏转角**（Deflection angle）：弦与弦的一端的切线的夹角，等于弦所对的内角的一半（见图7.5）。

**横距**（Departure，东西距离）：直线在东西方向直线上投影的距离。见纵距（见图6.9）

**高程**（Elevation）：距基准面（水平参照面）的垂直距离。见基准面。

**挖基坑**（Excavation）：为某项建设而将地面高程降低。

**填方**（Fill）：使地表高于原有高程。见挖方。

**基座**（Footing）：承受地表荷载的混凝土基座，通常位于场地地表以下一定距离。

**前视**（Foresight）：在水准测量中，未知高程点某高度的读数。见后视（见图8.1）。

**梯度**：（Grade）①地表某一位置的高程，通常用作天然坡度，人工坡度等；②地表某处的坡度（同水平面的夹角），称为倾斜度、坡度。

**土工修整**（Grading）：重整场地地表的工作。

**晕线**（Hachures）：垂直于等高线的，指明地表坡向的短线［见图9.4（b）］。

**插值法**（Interpolation）：在两个连续的数字中间通过线性比例确定另一个数值的方法。例如：通过相邻两条等高线以及某点距等高线的距离确定等高线间点的高程。

**反向水准测量**（Inverse levelling）：确定某些点底面的高程，例如天花板或桥底面的高程（见图 8.5）。

**管道内底**（Invert）：管道或隧道里面最低部位的高程。

**纵距**（Latitude）：直线在南北方向直线上投影的距离。见横距。（见图 6.9）。

**角度测设**（Laying off angles）：根据一条已知参照线，通过旋转水准仪确定角度的方法。

**放线**（Laying out）：确定场地中地物的位置，例如基础、道路等。

**草图**（Layout）：以图形表示的场地上地物的安排（平面图、场地地图等）。

**水平**（Level）：①水平面（零平面）；②高程（基准面之上的高度）；③在水平面内测量角度的仪器。

**水准测量**（Levelling）：确定两点之间高差的过程。通常要使用水准仪和水准尺。

**列线图、诺模图**（Nomograph）：把两个变量联系起来确定第三个变量的图（见图 12.2）。

**斜三角形**（Oblique triangle）：没有 90° 角的三角形。

**钝角**（Obtuse angle）：角度大于 90° 的角。

**开放导线**（Open traverse）：见导线。

**平面测量**（Plane surveying）：测量时假定在一个相对比较小的区域内地表为平面的测量。

**求积仪**（Planimeter）：测量平面面积的仪器。

**地块、基址**（Plot）：已确定边界的场地。

**平截头棱锥体**（Prismoid）：顶、底面相互平行但不相等，侧面为四边形或三角形的实体（见图 11.3）。

**量角器**（Protractor）：在平面图上测量角度的仪器。

**毕达哥拉斯定理**（Pythagorean theorem）：在任何正三角形中斜边的平方等于两直角边的平方和。

**正三角形**（Right triangle）：有一个角为 90° 的三角形。

**径流**（Runoff）：降雨时沿地表流走的降水。

**辛普森法则**（Simpson's rule）：近似确定不规则区域面积的原理（见 6.7 节）。

**场地**（Site）：地表上某一特定的点或小区域。

**水准管**（Spirit level）：中间有一气泡的充满液体的玻璃管，用来确定参考水平面。

**点高程**（Spotelevation）：地表上某一点相对基准面的高度。

**立桩**（Staking out）：将标桩打入地下以确定施工位置。

**测量**（Survey）：①一般意义的调查，例如对场地一般特征的调查；②测量工作（水准测量等）；③场地测量工作的记录资料。

**卷尺**（Tape）：测量中一种用来测量线性距离的带有刻度的软钢条。

**望远镜**（Telescope）：看远处物体的一种光学设备。

**经纬仪**（Transit）：测量水平和垂直角度的测量仪器。见水准仪。

**导线**（Traverse）：测量时沿地表的测线或一系列的测线。闭合导线起点和终点为同一点。开放导线开始于一给定点，结束于远处的另一点。

**游标**（Vernier）：确定刻度尺上两个刻度中间点刻度值的辅助刻度尺。

# 参 考 文 献

1 *Surveying - Principles and Applications*, 2nd ed. , Barry Kavanagh and S. J. Brid, Prentice - Hall, Englewood Cliffs, New Jersey, 1989.

2 *Standard Handbook for Civil Engineers*, 3rd ed. , Frederick S. Merritt, McGraw - Hill, New York, 1983.

3 *Time - Saver Standards for Site planning*, Joseph DeChiara and Lee Koppleman, McGraw - Hill, New York, 1984.

4 *Time - Saver Standards for Landscape Architecture*, Charles Harris and Nicholas Dines, McGraw - Hill, New York, 1988.

5 *Simplified Design of Building Froundations*, 2nd ed. , James Ambrose, Wiley, New York, 1988.

6 *Simplified Site Design*, James Ambrose and Peter Brandow, Wiley, New York, 1991.